# ARM Cortex – A8 处理器原理与应用
## ——基于 TI AM37x/DM37x 处理器

李宁 编著

北京航空航天大学出版社

## 内 容 简 介

本书介绍了 TI 公司 AM37x/DM37x 处理器的内核以及片上外围子系统的工作原理，并以 Embest 公司的 Devkit 8500 开发套件为对象，介绍了 AM37x/DM37x 处理器上 Android 操作系统移植与应用开发的基本过程。

全书分 12 章，可以分为 3 个部分。第一部分包括第 1~4 章，介绍了 Cortex-A8 处理器的内核结构和编程模型。第二部分包括第 5~8 章，介绍 AM37x/DM37x 处理器上各子系统的工作原理。第三部分包含第 9~12 章，介绍 Android 系统在 AM37x/DM37x 处理器上的移植和应用开发过程。

本书既可作为从事 Cortex-A8 处理器系统开发工程师的参考手册，也可作为高校嵌入式专业研究生的参考书。

**图书在版编目(CIP)数据**

ARM Cortex-A8 处理器原理与应用：基于 TI AM37x/DM37x 处理器 / 李宁编著. --北京：北京航空航天大学出版社,2012.4
 ISBN 978-7-5124-0737-4

Ⅰ. ①A… Ⅱ. ①李… Ⅲ. ①微处理器—系统设计 Ⅳ. ①TP332

中国版本图书馆 CIP 数据核字(2012)第 034427 号

版权所有，侵权必究。

**ARM Cortex-A8 处理器原理与应用——基于 TI AM37x/DM37x 处理器**
李 宁 编著
责任编辑 董立娟
\*
北京航空航天大学出版社出版发行
北京市海淀区学院路 37 号(邮编 100191) http://www.buaapress.com.cn
发行部电话：(010)82317024 传真：(010)82328026
读者信箱：bhpress@263.net 邮购电话：(010)82316936
涿州市新华印刷有限公司印装 各地书店经销
\*
开本：710×1 000 1/16 印张：14.5 字数：326 千字
2012 年 4 月第 1 版 2012 年 4 月第 1 次印刷 印数：4 000 册
ISBN 978-7-5124-0737-4 定价：32.00 元

若本书有倒页、脱页、缺页等印装质量问题，请与本社发行部联系调换。联系电话：(010)82317024

# 前　言

2010年11月,在嵌入式系统联谊会期间,北京航空航天大学出版社的胡晓柏主任曾提出能否写一本关于Cortex-A8的书来满足读者需求。当时笔者觉得非常困难,尽管所在的UP团队有些Cortex-A8处理器应用开发方面的经验。因为Cortex-A8处理器的应用开发涉及知识面非常广,无论是内部结构还是外围电路都非常复杂,而且应用开发都是基于重量级操作系统的。从硬件设计、操作系统移植、底层驱动开发到上层应用设计,开发者所在的层面不同,对知识点的需求完全不同,因此很难写出一本全面介绍Cortex-A8处理器应用开发的书。2011年6月,Embest公司的苏昆经理也找到笔者,希望能出版一本介绍TI公司Cortex-A8处理器的书籍,并建议与TI公司、Embest公司的相关工程师共同讨论书籍的内容。在与工程师多次交流,共同确定这本Cortex-A8处理器书籍的内容大纲之后,开始了本书的编著工作,尽管仍然觉得存在诸多的困难。

本书以TI公司AM37x/DM37x处理器为对象,介绍Cortex-A8处理器的结构与应用开发,共计12章,可以分为3个部分:

第1部分包括第1~4章。介绍了Cortex-A8处理器内核,包括Cortex-A8处理器的编程模型、存储系统、异常处理机制、时钟、复位和电源控制系统。

第2部分包括第5~8章。介绍了AM37x/DM37x处理器的基本结构、存储子系统、多媒体处理部件、通信接口。由于AM37x/DM37x处理器的片上外围电路非常复杂,各个子系统的内容都很丰富,而且多数使用者都无须太关心这些子系统的内部编程,因此本书对其中部分子系统都只是做了特征功能的介绍。

第3部分包括第9~12章。以Embest公司的Devkit 8500开发套件为对象,介绍AM37x/DM37x处理器上Android操作系统移植与应用开发的基本过程。

本书写作过程中得到各方面的支持和帮助。首先,得到了TI公司和Embest公司的大力支持,在此要对TI公司亚太区大学计划部沈洁经理,Embest公司的张国瑞、苏昆、朱大鹏、李君荣等资深工程师表示感谢。其次,要感谢武汉理工大学计算机科学与技术学院UP团队的硕士研究生:李明、成虎超、卢涛、姚金波、周成、胡飞、瞿华洲、王德锐、贺勇,他们完成了大量而繁杂的资料收集整理工作,本书是他们汗水的结晶。最后要感谢北京航空航天大学出版社的编辑,他们在本书的内容安排、文字校对以及出版等方面给了作者大量有益的建议和帮助。另外,本书借鉴和使用了ARM公司网站的内容、TI公司网站内容、Embest公司资料,这些均已得到了ARM公司、TI公司和Embest公司的授权。

正如前所叙述,本书所涉及知识点非常多,有些内容笔者也未能充分领会、有些专业词汇一时无法找到贴切的中文翻译,加上写作时间非常仓促,书中难免会有一些错误。尽管这是一本存在诸多缺憾和不满意的书,但是为了和大家共同进步,就权且算作抛砖引玉吧,敬请各位读者批评指正。

武汉理工大学 计算机科学与技术学院

李 宁 博士

2012年1月

# 目 录

## 第 1 章 Cortex-A8 处理器简介 ............ 1
### 1.1 Cortex-A8 处理器特点 ............ 1
### 1.2 Cortex-A8 处理器基本结构 ............ 2
### 1.3 AM37x/DM37x 系列处理器 ............ 4
### 1.4 AM37x/DM37x 处理器基本结构 ............ 9
### 1.5 AM37x/DM37x 处理器开发工具 ............ 11

## 第 2 章 Cortex-A8 处理器编程模型 ............ 13
### 2.1 Cortex-A8 架构与指令集 ............ 13
#### 2.1.1 Thumb-2 指令集 ............ 13
#### 2.1.2 ThumbEE 指令集 ............ 14
#### 2.1.3 Jazelle 扩展体系结构 ............ 14
#### 2.1.4 TrustZone 安全扩展体系结构 ............ 15
#### 2.1.5 高级 SIMD 体系结构 ............ 16
#### 2.1.6 VFPv3 体系结构 ............ 16
#### 2.1.7 处理器操作状态 ............ 16
### 2.2 数据类型与存储格式 ............ 17
#### 2.2.1 数据类型 ............ 17
#### 2.2.2 存储格式 ............ 17
### 2.3 操作模式 ............ 18
### 2.4 寄存器组 ............ 18
#### 2.4.1 通用寄存器 ............ 18
#### 2.4.2 状态寄存器 ............ 20
### 2.5 处理器系统地址 ............ 24
### 2.6 异 常 ............ 24
#### 2.6.1 异常入口 ............ 25
#### 2.6.2 退出异常 ............ 25
#### 2.6.3 复 位 ............ 25
#### 2.6.4 快速中断请求 FIQ ............ 26
#### 2.6.5 中断请求 IRQ ............ 26
#### 2.6.6 中止 Abort ............ 27

2.6.7　通过CPSR/SPSR屏蔽不精确数据中止…………………………………… 28
　　2.6.8　软件中断指令…………………………………………………………………… 29
　　2.6.9　软件监视指令…………………………………………………………………… 29
　　2.6.10　未定义指令异常……………………………………………………………… 29
　　2.6.11　断点指令……………………………………………………………………… 29
　　2.6.12　异常向量……………………………………………………………………… 30
　　2.6.13　异常优先级…………………………………………………………………… 30
2.7　安全扩展…………………………………………………………………………………… 31
　　2.7.1　出于安全扩展的软件考虑……………………………………………………… 31
　　2.7.2　出于安全扩展的硬件考虑……………………………………………………… 32
2.8　系统控制协处理器………………………………………………………………………… 33

# 第3章　Cortex-A8 存储管理模型 ………………………………………………………… 35
3.1　虚拟内存…………………………………………………………………………………… 35
　　3.1.1　一级页表 L1 …………………………………………………………………… 36
　　3.1.2　二级页表 L2 …………………………………………………………………… 37
　　3.1.3　节或页尺寸的选择……………………………………………………………… 39
3.2　页表缓存 TLB …………………………………………………………………………… 39
3.3　存储属性…………………………………………………………………………………… 41
　　3.3.1　访问许可…………………………………………………………………………… 41
　　3.3.2　存储属性…………………………………………………………………………… 42
　　3.3.3　域 ID ……………………………………………………………………………… 43
3.4　页表的使用………………………………………………………………………………… 43
　　3.4.1　地址空间 ID ……………………………………………………………………… 44
　　3.4.2　转换表基址寄存器 0 和 1 ……………………………………………………… 44
3.5　存储顺序…………………………………………………………………………………… 45
　　3.5.1　强顺序型和设备型……………………………………………………………… 45
　　3.5.2　普通型…………………………………………………………………………… 46
　　3.5.3　存储隔离………………………………………………………………………… 46

# 第4章　时钟、复位与功耗管理 ……………………………………………………………… 48
4.1　Cortex-A8 处理器时钟系统……………………………………………………………… 48
　　4.1.1　主要时钟域……………………………………………………………………… 48
　　4.1.2　AXI 接口时钟 ACLK …………………………………………………………… 49
　　4.1.3　调试时钟………………………………………………………………………… 49
　　4.1.4　ATB 时钟 ATCLK ……………………………………………………………… 49
4.2　Cortex-A8 处理器复位系统……………………………………………………………… 50
　　4.2.1　上电复位………………………………………………………………………… 50
　　4.2.2　软复位…………………………………………………………………………… 51

4.2.3 APB 和 ATB 复位 ................................................. 52
4.2.4 硬件 RAM 阵列复位 ............................................. 52
4.2.5 存储器阵列复位 ................................................... 53
4.3 Cortex-A8 处理器功耗控制 ............................................. 53
4.3.1 动态功耗管理 ....................................................... 53
4.3.2 静态功耗管理或漏电功耗管理 ................................. 56

## 第 5 章 AM37x/DM37x 处理器基础 ......................................... 59
5.1 电源复位时钟管理模块 PRCM ......................................... 59
5.1.1 PRCM 的特点与结构 ........................................... 59
5.1.2 PRCM 的功能 ..................................................... 64
5.2 MPU 子系统 ................................................................. 71
5.2.1 MPU 子系统结构 ................................................. 72
5.2.2 MPU 各部件功能 ................................................. 73
5.3 互联器子系统 ............................................................... 74
5.3.1 术 语 ................................................................. 74
5.3.2 处理器内互联器架构 ............................................. 76
5.3.3 L3 互联器 ........................................................... 76
5.3.4 L4 互联器 ........................................................... 78
5.4 中断控制器 ................................................................... 80
5.4.1 概 述 ................................................................. 80
5.4.2 MPU INTCPS ..................................................... 82
5.4.3 中断处理过程 ....................................................... 83

## 第 6 章 AM37x/DM37x 处理器存储系统 ..................................... 86
6.1 内存映射 ..................................................................... 86
6.1.1 全局内存映射 ....................................................... 86
6.1.2 L3 和 L4 内存空间映射 ......................................... 88
6.1.3 IVA2.2 子系统内存空间映射 ................................. 89
6.2 内存子系统 ................................................................... 90
6.2.1 通用内存控制器 GPMC ........................................... 90
6.2.2 SDRAM 控制器 SDRC ........................................... 93
6.2.3 片上存储器子系统 OCM ......................................... 94
6.3 内存管理单元 MMU ....................................................... 95
6.4 外部存储卡接口 ............................................................. 97

## 第 7 章 AM37x/DM37x 处理器多媒体系统 ................................. 101
7.1 IVA2.2 子系统 ............................................................... 101
7.1.1 概 述 ................................................................. 101
7.1.2 功能特征 ............................................................. 102

    7.1.3　硬件请求 …… 104
    7.1.4　内部结构 …… 105
  7.2　SGX 子系统 …… 112
    7.2.1　功能特征 …… 113
    7.2.2　内部结构及组成 …… 113
  7.3　摄像头图像信号处理器 …… 115
    7.3.1　功能特征 …… 116
    7.3.2　内部结构及组成 …… 119
  7.4　显示子系统 …… 128
    7.4.1　简　介 …… 128
    7.4.2　内部结构及功能 …… 128
第 8 章　AM37x/DM37x 处理器通信接口 …… 135
  8.1　多主机高速 $I^2C$ 接口 …… 135
    8.1.1　概　述 …… 135
    8.1.2　功能特征 …… 136
  8.2　HDQ/1-Wire 总线模块 …… 137
    8.2.1　概　述 …… 137
    8.2.2　功能特征 …… 138
  8.3　UART/IrDA/CIR 通信模块 …… 139
    8.3.1　概　述 …… 139
    8.3.2　功能特征 …… 140
  8.4　多通道 SPI 接口 …… 141
    8.4.1　概　述 …… 141
    8.4.2　功能特征 …… 142
  8.5　多通道缓冲串行端口 McBSP …… 142
    8.5.1　概　述 …… 142
    8.5.2　功能特征 …… 142
    8.5.3　SIDETONE 核 …… 144
  8.6　USB OTG 控制器和 USB 主机子系统 …… 145
    8.6.1　高速 USB OTG 控制器 …… 145
    8.6.2　高速 USB 主机子系统 …… 147
第 9 章　DevKit8500 评估套件 …… 150
  9.1　外围芯片 …… 152
    9.1.1　TPS65930 …… 152
    9.1.2　MT29C4G96MAZAPCJA-5 …… 152
    9.1.3　DM9000 …… 152
    9.1.4　FE1.1 …… 153

9.1.5 TFP410 ········································································· 153
9.1.6 MAX3232 ······································································ 153
9.2 外围接口 ················································································ 153

## 第10章 Android 操作系统基础 ··············································· 161
10.1 Android 操作系统简介 ························································· 161
10.1.1 Android 版本历史 ························································ 162
10.1.2 开放手机联盟 ······························································ 164
10.2 Android 基本架构 ································································ 165
10.3 Android 源码结构 ································································ 166
10.3.1 核心工程 ···································································· 166
10.3.2 扩展工程 ···································································· 167
10.3.3 Java 程序包 ································································ 168
10.4 init 进程 ·············································································· 168
10.4.1 init 可执行程序 ··························································· 169
10.4.2 启动脚本 init.rc ··························································· 170
10.5 shell 工具 ············································································ 172
10.5.1 sh 程序 ······································································· 172
10.5.2 命令工具箱 Toolbox ···················································· 173
10.6 几个重要系统进程 ······························································· 174
10.6.1 Servicemanager 进程 ···················································· 175
10.6.2 Mediaserver 进程 ························································· 176
10.6.3 Zygote 进程 ································································ 176
10.6.4 SystemServer 进程 ······················································· 176

## 第11章 Android 操作系统移植 ··············································· 178
11.1 Ubuntu 的安装与配置 ·························································· 178
11.1.1 软件获取 ···································································· 178
11.1.2 创建虚拟机 ································································ 178
11.1.3 安装 Ubuntu ································································ 182
11.2 Android 代码的获取与提交 ·················································· 187
11.2.1 工具配置 ···································································· 187
11.2.2 获取 Android 源代码 ··················································· 190
11.2.3 源代码基本结构 ·························································· 191
11.2.4 提交修改后的源代码 ··················································· 192
11.3 编译 Android 系统 ······························································· 193
11.3.1 描述文件 ···································································· 193
11.3.2 编译过程 ···································································· 194
11.3.3 编译结果 ···································································· 195

11.3.4　系统烧写与运行 …………………………………………… 196
11.4　基于Devkit8500的Android系统开发 ……………………………… 197
　　11.4.1　获取Android源码 …………………………………………… 197
　　11.4.2　编译过程 ……………………………………………………… 197
　　11.4.3　制作文件系统 ………………………………………………… 197
　　11.4.4　烧写Android系统 …………………………………………… 199
第12章　Android应用程序开发 ……………………………………………… 202
12.1　Android应用程序开发环境 …………………………………………… 202
　　12.1.1　JDK获取与安装 ……………………………………………… 202
　　12.1.2　Eclipse的获取与安装 ………………………………………… 204
　　12.1.3　Android SDK的获取与安装 ………………………………… 204
12.2　Android应用程序开发示例 …………………………………………… 214
　　12.2.1　创建新应用程序 ……………………………………………… 214
　　12.2.2　构建用户界面UI ……………………………………………… 216
　　12.2.3　运行Android应用程序 ……………………………………… 218
**参考文献** …………………………………………………………………… 219

# 第1章 Cortex–A8 处理器简介

2007 年 ARM 公司发布了 Cortex™–A8 微处理器,这是 ARM Cortex 新系列中第一款应用微处理器。该处理器具有出色的性能和效率,适用于各种移动和消费类应用,其中包括移动电话、机顶盒、游戏控制台和汽车导航/娱乐系统。Cortex–A8 处理器的频率可在 600 MHz 到超过 1 GHz 的范围内调节,可为苛刻的消费类应用提供高达 2 000 DMIPS 的性能,能够满足那些需要工作在 300 mW 以下的功耗优化移动设备的要求。总而言之,该处理器在大幅提高处理能力的同时仍保持了前几代移动设备处理器的功率水平,消费类应用时将受益于其更低的热耗散,同时还可降低封装和集成成本。

2011 年 6 月,德州仪器(TI)公司宣布推出采用 1 GHz ARM Cortex–A8 的 Sitara 处理器 AM37x 系列。同年 8 月,TI 公司又推出了最新 DaVinci™ 处理器 DM37x,其与 AM37x 处理器引脚兼容,差异在于 DM37x 处理器内增加了 800 MHz C64x+™ DSP,适用于更高品质的音视频编解码处理。

本章简要介绍 Cortex–A8 处理器的特征、基本结构,AM37x/DM37x 系列处理器的特点、应用范围以及其产品系列。

## 1.1 Cortex–A8 处理器特点

Cortex–A8 是第一款采用 ARMv7 架构中所有新技术的 ARM 处理器,包括了一些 ARM 第一次面世的新技术:针对媒体和信号处理的 NEON™ 技术;双发射、顺序超标量流水线;集成 L2 Cache;加快运行时编译器的 Jazelle® RCT 技术,如即时、动态或预先编译器。还包括最近推出的其他新技术:面向安全的 TrustZone 技术,面向代码密度的 Thumb–2 技术以及 VFPv3 浮点架构。Cortex–A8 处理器的特点如下:

- 完整的 ARMv7–A 指令集;
- 主存储器接口使用带有 AXI 接口的 AMBA 总线架构,可配置为 64 位或 128 位,支持多个未处理事务;

- 带有执行 ARM 整数指令的流水线；
- 带有执行先进 SIMD（单指令多数据）和 VFP（向量浮点）指令集的 NEON 流水线；
- 带有分支目标地址 Cache、全局历史缓存和 8-Entry 回归堆栈的动态分支预测器；
- 带有 MMU，MMU 具有 32 个 Entry，每个 Entry 都带有指令与数据分离的 TLB（页表缓冲）；
- L1 Cache 中指令 Cache、数据 Cache 可配置为 16 KB 或 32 KB；
- L2 Cache 可配置为 0 KB、128 KB～1 MB；
- L2 Cache 中可选配校验位和 ECC（纠错码）；
- ETM（内嵌跟踪单元）单元支持非侵入调试；
- 带有 IEM（智能能源管理）的静态和动态电源管理功能；
- 带观测点寄存器和断点寄存器的 ARMv7 调试，采用 32 位的 APB 总线从接口与 CoreSight 调试系统连接。

Cortex-A8 处理器使用的 ARMv7 体系结构特点如下：

- 使用 ARM Thumb-2 指令集，集 Thumb 指令集的代码密度和 ARM 指令集的性能于一体；
- ThumbEE（Thumb 执行环境），也就是 Jazelle RCT 技术，可提供执行环境加速；
- 安全扩展架构，可增强安全性，以便实现安全领域的应用；
- 先进的 SIMD 架构，可提高多媒体应用的性能，例如 3D 图形、图像处理等；
- 采用 VFPv3（向量浮点架构）进行浮点计算，与 IEEE754 完全兼容。

## 1.2　Cortex-A8 处理器基本结构

Cortex-A8 处理器结构如图 1-1 所示，下面简要介绍其主要组成部分。

- 取指令单元（Instruction Fetch）

取指令单元对指令流进行预测，从 L1 指令 Cache 中取出指令后放到译码流水线中，因此，L1 指令 Cache 也包含在取指令单元之中。

- 指令译码单元（Instruction decode）

指令译码单元对所有的 ARM 指令、Thumb-2 指令进行译码排序，包括调试控制协处理器 CP14 的指令、系统控制协处理器 CP15 的指令。指令译码单元处理指令的顺序是：

- 异常；
- 调试事件；
- 复位初始化；
- 存储器内嵌自测（MBIST）；

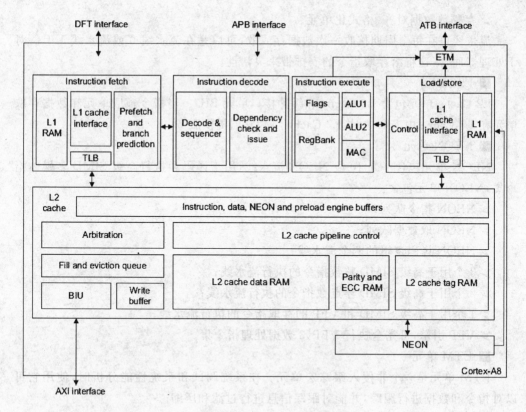

图 1-1  Cortex-A8 处理器结构框图

- 等待中断；
- 其他不常见事件。

■ 指令执行单元（Instruction execute）

指令执行单元包含两个对称的 ALU 流水线、一个用于存取指令的地址生成器和一个乘法流水线。执行单元流水线也执行寄存器回写操作。指令执行单元的功能：

- 执行所有整数 ALU 运算和乘法运算，并影响标志位；
- 根据要求产生用于存取的虚拟地址以及基本回写值；
- 将要存放的数据格式化，并将数据和标志向前发送；
- 处理分支及其他指令流变化，并评估指令条件码。

■ 数据存取单元（Load/store）

数据存取单元包含了全部 L1 数据存储系统和整数存取流水线，由以下部分组成：

- L1 数据 Cache；
- 数据 TLB；
- 整数存储缓冲；
- NEON 存储缓冲；
- 取整数数据对齐、格式化单元；

➢ 存整数数据对齐、格式化单元。

流水线可在每个周期接收一次数据存或取，可以是在流水线 0 或流水线 1 上。对于处理器而言，这将给存取指令的安排带来灵活性。

■ L2 cache

L2 Cache 单元包含 L2 Cache 和缓冲接口单元 BIU。当指令预取单元和数据存取单元在 L1 Cache 中未命中时，L2 Cache 将为它们提供服务。

■ NEON 单元

NEON 单元包含一个 10 段 NEON 流水线，用于译码和执行高级 SIMD 多媒体指令集，NEON 单元包含：

➢ NEON 指令队列；
➢ NEON 取数据队列；
➢ NEON 译码逻辑的两个流水线；
➢ 3 个用于高级 SIMD 整数指令的执行流水线；
➢ 2 个用于高级 SIMD 浮点数指令的执行流水线；
➢ 1 个用于高级 SIMD 和 VFP 的存取指令的执行流水线；
➢ VFP 引擎，可完全执行 VFPv3 数据处理指令集。

■ ETM 单元

ETM 单元是一个非侵入跟踪宏单元。在系统调试和系统性能分析时，使用它可以对指令和数据进行跟踪，并能对跟踪信息进行过滤和压缩。

ETM 单元通过一个称为 ATB（高级跟踪总线）的外部接口与处理器外部连接。

■ 处理器外部接口

Cortex - A8 处理器有着丰富的外部接口：

➢ AMBA AXI 接口。AXI 总线接口是系统总线的主要接口，64 位或 128 位，用于执行 L2 Cache 的填充和不可 Cache 指令及数据的访问。AXI 总线时钟与 CLK 输入同步，可以通过 ACLKEN 信号允许。

➢ AMBA APB 接口。Cortex - A8 处理器通过一个 APB 从接口来访问 ETM、CTI 和调试寄存器。APB 接口与 CoreSight 调试体系结构（ARM 多处理器跟踪调试体系）兼容。

➢ AMBA ATB 接口。Cortex - A8 处理器通过一个 ATB 接口输出调试跟踪信息。ATM 接口兼容 CoreSight 调试体系结构。

DFT（Design For Test）接口。DFT 接口为生产时使用 MBIST（内存内置自测试）和 ATPG（自动测试模式生成）进行内核测试提供支持。

## 1.3 AM37x/DM37x 系列处理器

AM37x/DM37x 处理器系列目前共有 AM3715、AM3703、DM3730 和 DM3725 这 4 种，每种处理器均有 CBP、CBC 和 CUS 这 3 种 s - PBGA 封装形式。

# 第 1 章 Cortex-A8 处理器简介

AM37x/DM37x 系列中 4 种处理器的配置各不相同,差异如表 1-1 所列。用户可以通过读数据寄存器 CONTROL_IDCODE(物理地址 0x4830 A204)和 CONTROL_DIE_ID(物理地址 0x4830 A218)来获取处理器的设备 ID,从而通过软件来识别芯片的类型。如需了解处理器设备 ID 与配置直接的关系,可查阅 AM37x/DM37x 处理器技术手册。

表 1-1 AM37x/DM37x 系列处理器配置差异

| 子系统 | DM3730 | DM3725 | AM3715 | AM3703 |
| --- | --- | --- | --- | --- |
| IVA 2.2 子系统 | 有 | 有 | 无 | 无 |
| 2D/3D 图形加速器 | 有 | 无 | 有 | 无 |

下面给出该系列中配置最全的 DM3730 处理器的技术特征,其他处理器可查阅所使用处理器的数据手册。

DM3730 处理器的技术特征如下:
- 兼容 OMAP 3 体系架构。
- ARM 微处理器(MPU):
  - 高达 1 GHz 的 ARM Cortex-A8 核;
  - 也支持 300、600、800 MHz 操作;
  - NEON SIMD 协处理器。
- 高性能图像、视频、音频加速子系统(IVA2.2TM):
  - 高达 800 MHz 的 TMS320C64+DSP 核;
  - 也支持 260、520 和 660 MHz 的操作;
  - 增强 DMA 控制器(128 独立通道);
  - 视频硬件加速器。
- POWERVR SGX 图形加速器:
  - 基于 Tile 结构,能达到每秒处理 20M 个多边形(20 MPoly/s)的能力;
  - 通用可扩展着色引擎,该多线程引擎合并了像素着色功能和顶点着色功能;
  - 支持工业标准 API:OpenGLES 1.1、2.0 和 OpenVG 1.0;
  - 支持细粒度任务切换、负载平衡和功耗管理;
  - 具有可编程高质量图形边缘反锯齿功能。
- 先进的超长指令字的 TMS320C64+DSP 核:
  - 8 个高度的功能单元;
  - 6 个 ALU 单元(32/40 位),每个 ALU 都可在每个时钟周期处理单个 32 位、2 个 16 位或 4 个 8 位数据;
  - 2 个乘法器,每个乘法器都可在每个时钟周期处理 4 个 16×16 位(结果为 32 位)或 8 个 8x8(结果为 16 位)位运算;
  - 支持非对齐的存取结构;

- 64 个 32 位通用功能寄存器；
- 指令可压缩,以减少代码尺寸；
- 所有指令都可以是有条件执行的；
- C64＋TM 的其他增强功能：
  - ✓ 保护模式操作；
  - ✓ 预测支持错误检测和程序跳转；
  - ✓ 硬件支持按模循环操作。

■ C64x＋TM L1/L2 存储结构：
- 32 KB 的 L1P 程序 RAM/Cache(直接映射)；
- 80 KB 的 L1D 数据 RAM/Cache(2 路组相联映射)；
- 64 KB 的 L2 统一映射 RAM/Cache(4 路组相联映射)；
- 32 KB 的 L2 共享 SRAM 和 16 KB 的 L2 ROM。

■ C64x＋L1/L2 指令集：
- 按字节编址(8/16/32/64 位数据)；
- 8 位溢出保护；
- 提供位域提取、设置和清除功能；
- 提供归一化运算、饱和运算和位计数运算；
- 具有支持复杂乘法的专门指令。

■ 外部存储器接口：
- SDRAM 控制器(SDRC)：
  - ✓ 具有 1 GB 地址空间的 16、32 位存储控制器；
  - ✓ 带有低功耗 SDRAM 接口；
  - ✓ SDRAM 存储调度器(SMS)和循环引擎。
- 通用存储控制器(GPMC)：
  - ✓ 16 位宽,地址/数据总线复用；
  - ✓ 最多 8 个片选引脚,每个片选引脚可选 128 MB 地址空间；
  - ✓ 提供与 NOR Flash、NAND Flash(带 ECC 海明码计算)、SRAM 以及伪 SRAM 的无粘性接口(即不针对某一特别类型)；
  - ✓ 提供灵活的异步协议,控制与用户定制逻辑电路(FPGA、CPLD、ASIC 等)的接口；
  - ✓ 具有地址/数据总线不复用模式(限制为 2 KB 的地址空间)。

■ I/O 端口电压:1.8 V,MMC1(多媒体卡)电压:3 V;处理器核电压:0.9～1.2 V 自适应;核逻辑电压:0.9～1.1 V 自适应。以上电压为默认的操作点电压,可以通过 SmartReflex AVS 优化到更低的电压。

■ 具有商用、工业和扩展温度等级。

■ 串行通信：
- 5 个多通道缓冲串行端口(McBSP)；

- ✓ McBSP 1/3/4/5 带有 512 B 收发缓冲；
- ✓ McBSP 2 带有 5 KB 收发缓冲；
- ✓ SIDETONE 核支持滤波、增益和混音处理(仅 McBSP2、3 具备)；
- ✓ 提供与 I2S、PCM 设备、T 总线的直接接口；
- ✓ 128 通道的收发模式；
- ➢ 4 个主/从 McSPI 接口；
- ➢ 高速/全速/低速 USB OTG 子系统(12/8 引脚 ULPI 接口)；
- ➢ 高速/全速/低速多端口 USB Host 子系统(12/8 引脚 ULPI 接口，或 6/4/3 引脚串行接口)；
- ➢ 1 个 HDQ/1-Wire 接口；
- ➢ 4 个 UART(其中一个支持 IrDA 和消费者红外 CIR 模式)；
- ➢ 3 个主/从高速 I²C 控制器。

■ 摄像头图像信号处理(ISP)：
- ➢ CCD 和 CMOS 图像接口；
- ➢ 存储数据输出；
- ➢ BT.601/BT.656 数字 YCbCr 4:2:2(8/10 位)接口；
- ➢ 提供与通用视频解码器的无粘接接口；
- ➢ 图像尺寸调整引擎：
  - ✓ 图像大小可以在 1/4～4 倍之间调整；
  - ✓ 可在水平和垂直方向分别调整。

■ SDMA 控制器(32 个可配置优先级的逻辑通道)。

■ 电源、复位和时钟管理模块：
- ➢ 采用 SmartReflex™ 技术；
- ➢ 动态电压及频率调节(DVFS)。

■ ARM Cortex-A8 核：
- ➢ ARMv7 体系结构：
  - ✓ TurstZone；
  - ✓ Thumb-2；
  - ✓ MMU 增强；
- ➢ 按序、双发、超标量微处理器核；
- ➢ NEON 多媒体体系结构；
- ➢ 比 ARMv6 SIMD 速度快 2 倍以上；
- ➢ 支持整数和浮点 SIMD；
- ➢ Jazelle RCT；
- ➢ 具有动态分支预测技术的分支目标地址 Cache、全局历史缓冲和 8-Entry 回归堆栈；
- ➢ ETM 单元支持非侵入调试。

- ARM Cortex-A8 存储结构：
  - 32KB 指令 L1 Cache(4 路组相联映射)；
  - 32KB 数据 L2 Cache(4 路组相联映射)；
  - 256KB L2 Cache。
- 32 KB ROM。
- 64 KB 共享 SRAM。
- 端方式：
  - ARM 指令，小端模式；
  - ARM 数据，可配置；
  - DSP 指令/数据，小端模式。
- 可移动存储媒质接口：3 个 MMC 卡/SDIO 卡接口。
- 测试接口：
  - IEEE-1149.1 JTAG 接口；
  - ETM 接口；
  - 串行数据传输接口 SDTI。
- 12 个 32 位通用定时器。
- 2 个 32 位看门狗定时器。
- 1 个 32 位安全看门狗定时器。
- 1 个 32 位 32 kHz 同步定时器。
- GPIO 最高可达 188 个(可以与其他设备复用)。
- 45 nm CMOS 技术。
- 采用封装体层叠技术(POP)实现存储体堆叠。
- 封装方式：
  - 515 脚 s-PBGA 封装(CBP)，12×12 mm，0.5 mm 球间距(顶部)，0.4 mm 球间距(底部)；
  - 515 脚 s-PBGA 封装(CBC)，14×14 mm，0.65 mm 球间距(顶部)，0.5 mm 球间距(底部)；
  - 423 脚 s-PBGA 封装(CUS)，16×16 mm，0.654 mm 球间距。

可见，AM37x/DM37x 处理器同时拥有高性能的 Cortex-A8 ARM 处理器核和 TMS320C64+ DSP 核，还配备了丰富的外围接口电路，因此主要应用于高质量音视频播放、2D/3D 游戏。AM/DM37x 处理器的设备应用环境如图 1-2 所示，其中 TPS65950 是一个多路电源管理芯片。

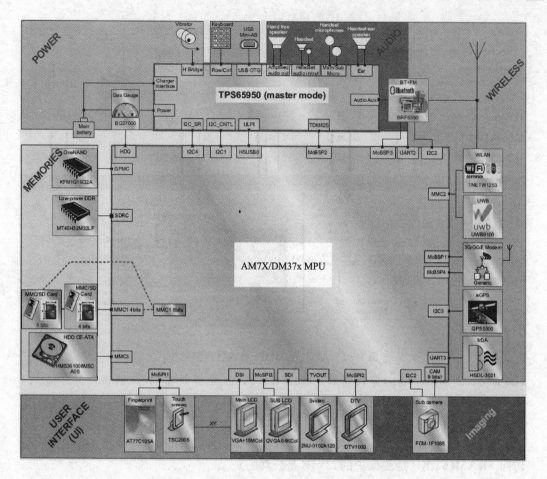

图 1-2 AM37x/DM37x 处理器的设备环境

## 1.4 AM37x/DM37x 处理器基本结构

　　AM37x/DM37x 处理器的内部结构模块如图 1-3 所示,可以分为 MPU 子系统、IVA2.2 子系统、片上存储器、外部存储器接口、DMA 控制器、多媒体加速器、复合电源管理系统和片上外设等。下面分别简要介绍。

■ MPU 子系统

　　MPU 子系统包含 ARM Cortex-A8 核、带有 96 个同步中断输入的中断控制器、与核逻辑电路连接的异步接口、调试跟踪部件(ICE、ETM 和 ETB 模块)、安全状态机。

■ IVA2.2 子系统

　　IVA2.2 子系统基于 TI 公司的 TMS320DMC64x+ VLIW DSP 核,包含 32 位顶点媒体处理器、基于 C64x DSP 核的超长指令字(VLIW)结构、8 个执行单元(每个时钟周期执行 8 条指令)、低功耗处理器和存储单元、两级存储结构层次(L1P、L1D 和 L2)、视频硬件加速器、专有 DMA、Level 1 中断控制器(INTC)、本地 IVA2.2 数字锁相环

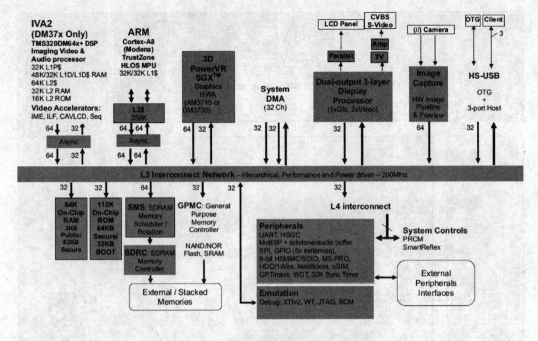

图1-3 AM37x/DM37x处理器内部结构

(DPLL)、32-entry的内存管理单元(MMU)、IVA2.2系统接口、C语言友好环境、TI低负载DSP-BIOS操作系统。

■ 片上存储器

处理器片上提供120 KB ROM(88 KB是受保护的,32 KB是公共的),64 KB单端访问SRAM(62 KB是受保护的,2 KB是公共的)。

■ 外部存储器接口

有两种外部存储器接口:通用存储器接口GPMC,用于连接NOR Flash、NAND Flash、SRAM和PSRAM;SDRAM控制器,用于连接SDRAM。

■ DMA控制器

一个通用DMA控制器(SDMA),用于内存到内存、内存到外设、外设到内存的传输。3个专用DMA控制器:用于IVA2.2子系统的EDMA、显示DMA和USB HS DMA。

■ 多媒体加速器

为了实现高端图像和视频应用,处理器提供了2D和3D图形加速器SGX,摄像头接口、显示器接口。

■ 复合电源管理系统

复合电源管理系统提供时钟、产生和分配复位、管理唤醒事件、动态电压频率调整、动态功耗管理、静态漏电管理和SmartReflex技术。

# 第1章 Cortex-A8 处理器简介

■ 片上外设

处理器提供了如下丰富、灵活的片上外设配置。

- 串行接口:5 个 McBSP、4 个 McSPI、1 个 USB 主控制器、1 个 USB OTG 控制器、1 个 HDQ/1-Wire 接口、3 个 UART 接口和 3 个 $I^2C$ 控制器。
- 移动存储接口:MMC 存储卡、SD 存储卡、SDIO 卡接口。
- 其他:12 个通用时钟、2 个看门狗时钟、若干 GPIO(数量与封装有关)、6 个邮箱和 1 个控制模块(用于控制 I/O 复用和芯片配置)。
- 安全模块(仅高安全处理器配置)。

## 1.5　AM37x/DM37x 处理器开发工具

TI 以及一些第三方公司为 AM37x/DM37x 处理器提供了丰富的开发工具,如表 1-2 所列。其中,软件开发套件、实用程序/插件、应用软件均可以免费从 TI 公司网站上获取。

表 1-2　AM37x/DM37x 处理器开发工具

| 类型 | 名称 | 内容 |
| --- | --- | --- |
| 集成开发环境 | CCSTUDIO | Code Composer Studio 集成开发环境(IDE)v4.x |
| 软件开发套件(SDK) | LINUXSDK-AM37X | 用于 AM37x 微处理器的 Linux 软件开发套件 |
| | ANDROIDSDK-SITARA | 用于 Sitara 器件的 Android 开发套件 |
| | LINUXDVSDK-DM37X | 用于 DM3730/3725 的 Linux 数字视频软件开发套件 |
| | ANDROIDSDK-DM37X | 用于 DM37x 的 Android 开发套件 |
| | WINCESDK-A8 | 用于基于 Cortex-A8 处理器的 Windows CE 软件开发套件 |
| 实用程序/插件 | FLASHTOOL | 用于 AM35x,AM37x,DM37x 和 OMAP35x 的 FlashTool |
| | PINMUXTOOL | 用于 ARM MPU 处理器(AM389x、AM35x、AM/DM37x、C6A816x、DM816x、OMAP35x)的引脚 Mux 实用程序 |
| | C6RUN-DSPARMTOOL | 用于 TI DSP+ARM 处理器的 C6EZRun 软件开发工具 |
| 应用软件 | ADOBEFLASH-A8 | Adobe Flash 插件,用于 TI Cortex-A8 器件的评估和演示 |
| | C6ACCEL-DSPLIBS | 用于 TI DSP+ARM 处理器的 C6EZAccel 软件开发工具 |
| | TELECOMLIB | 用于 TMS320C64x+和 TMS320C55x 处理器的电信和媒体库——FAXLIB,VoLIB 和 AEC/AER |
| | ARMCRYPTO-ANDROID | 基于 ARM 的微处理器的 Android 加密 |
| | ARMCRYPTO | 基于 ARM 的微处理器的 Linux(TM)加密 |
| 仿真器/分析仪 | XDS510 | XDS510 类仿真器 |
| 开发板/EVM | TMDSEVM3730 | AM/DM37x 评估模块 |

为了给中国的 AM37x/DM 37x 用户提供更加本地化的支持，TI 公司委托 Embest 推出了基于 DM 3730 处理器的评估套件 DevKit8500。DevKit8500 外扩了 CPU 外设接口中的网口、S-VIDEO 接口、音频输入输出接口、USB OTG、USB HOST、SD/MMC 接口、串口、SPI 接口、$I^2C$ 接口、JTAG 接口、CAMERA 接口、TFT 屏接口、触摸屏接口、键盘接口和总线接口，并扩展出了 HDMI 接口。

另外，DevKit8500 评估套件还为开发者使用 DM3730 处理器提供了完善的软件开发平台，支持 Android 2.2、Linux-2.6.32 及 WinCE 6.0 操作系统，并包含完善的底层驱动程序，方便用户快速评估 AM37x/DM37x 处理器、设计系统驱动及定制应用软件。

本书也将基于 DevKit8500 评估套件，介绍 AM37x/DM37x 处理器的原理及应用开发。

# 第 2 章

# Cortex-A8 处理器编程模型

本章介绍 ARM Cortex-A8 处理器的编程模型,即处理器的基本功能特性,包括指令集、工作模式、寄存器组、数据类型、异常等内容。

## 2.1 Cortex-A8 架构与指令集

Cortex-A8 采用 ARMv7 架构,包含:
- 32 位的 ARM 指令集;
- 16 位和 32 位混合的 Thumb-2 指令集;
- ThumbEE 指令集;
- 安全扩展架构;
- 先进的 SIMD 架构,NEON 指令集。

### 2.1.1 Thumb-2 指令集

Thumb-2 指令集是对 16 位 Thumb 指令集的扩展,所增加的 32 位指令在功能上覆盖了 ARM 指令集,区别在于增加的 32 位指令多数都是无条件执行的,而多数 ARM 指令都是可以条件执行的。Thumb-2 指令集增加了一个条件执行指令 IT,该指令具有 if-then-eles 逻辑功能,可以让其后续的指令条件执行。

Thumb-2 指令集既继承了 Thumb 指令集代码密度高的特性,又能实现 ARM 指令集的高性能。Thumb-2 指令集中的两种长度指令还为用户提供了灵活的选择,用户可以根据应用需求在程序的不同地方选择合适的指令长度,实现高性能或者高代码密度。例如,可以在快速中断处理、DSP 算法中使用 32 位指令,而在其他性能要求不高的部分使用 16 位指令集,而且两种不同长度指令的切换不需要任何模式转换。

## 2.1.2 ThumbEE 指令集

ThumbEE 也称为 Thumb-2EE，业界称为 Jazelle RCT 技术，于 2005 年发布，首见于 Cortex-A8 处理器。ThumbEE 指令集是 Thumb-2 指令集的一种变体，以动态产生目标码为目的，这是一种在执行前或执行过程中，处理器对可移植字节码、其他中间代码或高级语言进行代码编译的技术。在所处的执行环境（Execution Environment）下，ThumbEE 指令集能特别适用于执行阶段（Runtime）的编码产生（例如即时编译）。ThumbEE 指令集特别适用于采用托管指针或托管数组的高级语言，如 Limbo、Java、C#、Perl 和 Python。与使用 ARM 或 Thumb-2 指令集进行编译所得的代码相比较，ThumbEE 提供了一种提高代码密度的方法。ThumbEE 技术让即时编译器能输出代码尺寸更小的编译码，但并不影响到性能。

在 ThumbEE 状态，处理器使用 ThumbEE 指令集，它几乎与 Thumb-2 完全相同，但是指令的行为有些不同，主要差异有：
- 在 Thumb 状态和 ThumbEE 状态中，增加了状态转换指令；
- 用于分支跳转到处理程序（handler）的指令；
- 在存取操作时进行空指针检查；
- 在 ThumbEE 状态下，增加一条检查数组边界的指令；
- 存取以及分支指令的行为有些不同。

ThumbEE 状态有两个配置寄存器：
- ThumbEE 配置寄存器（ThumbEE Configuration Register），其作用是禁止或允许访问 ThumbEE 处理程序基址寄存器。该寄存器的第[31∶1]位保留；第[0]位为执行环境禁止位 XED，该位为 0 则允许非特权访问 ThumbEE 处理程序基址寄存器，为 1 则禁止非特权访问 ThumbEE 处理程序基址寄存器。
- ThumbEE 处理程序基址寄存器（ThumbEE HandlerBase Register），CP14 寄存器 c0，包含 ThumbEE 处理程序基址。ThumbEE 处理器程序是一种短的通用指令序列，典型情况是直接与若干字节码或其他高级语言元素相关联。

## 2.1.3 Jazelle 扩展体系结构

Cortex-A8 处理器部分实现了 Jazelle 扩展体系结构，这意味着处理器不加速执行所有的字节码，所有的字节码都由软件执行。

Cortex-A8 处理器的 Jazelle 扩展体系结构中不支持 Jazelle 状态，BXJ 指令的行为与 BX 指令行为行相同。

Cortex-A8 处理器中与 Jazelle 扩展体系结构相关的寄存器有 3 个：
- Jazelle 标识寄存器（Jazelle Identity Register），只读，任何处理器模式和安全状态下均可访问。该寄存器用于允许软件确认处理器是否实现了 Jazelle 扩展体系结构,正常情况所读取的值为全零。
- Azelle 主配置寄存器(Jazelle Main Configuration Register),用于控制 Jazelle 扩展体系结构的特征。
- Jazelle OS 控制寄存器(Jazelle OS Control Register),用于允许操作系统访问 Jazelle 扩展体系结构的硬件。

## 2.1.4 TrustZone 安全扩展体系结构

Cortex - A8 处理器实现了 TrustZone 安全扩展体系结构,以便用户开发有安全需求的应用。安全扩展基于以下基本原则:
- 定义了一个核操作类,用户可以在安全态和非安全态之间切换;多数代码运行于非安全态,仅有可信任代码能运行于安全态。
- 定义了一些内存作为安全存储区,只有在处理器运行于安全态的时候,才能访问安全存储区。
- 严格控制安全态入口。
- 只能在编程点上退出安全态。
- 调试被严格控制。
- 处理器在复位后进入安全态。

Cortex - A8 处理器的异常处理方式与其他 ARM 体系架构一样,还支持一些只有运行在安全态时才进行处理的异常。

安全扩展模型的基础是将计算环境分为两个独立的状态:安全态和非安全态,安全态时数据不能被泄露到非安全态中。软件安全监视器作为关卡,连接两种状态、管理程序流。系统可以同时有安全设备和非安全设备,分别适用于安全和非安全设备驱动控制。

图 2-1 为安全态和非安全态的关系。OS 系统分为安全 OS(包含安全内核)和非

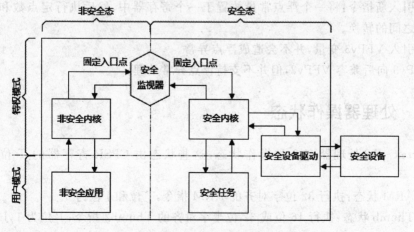

图 2-1  安全态与非安全态

安全 OS(包含非安全内核)两部分。在普通的非安全操作中,OS 以普通方式运行任务。当一个用户进程要求安全运行时,会向安全核提出请求(操作于特权模式下),然后安全内核会控制安全监视器,将执行环境切换为安全状态。

此种方法进入安全系统意味着,工作在非安全状态的 OS 只有少许固定入口点,可以通过安全监视器进入到安全状态。基于安全状态的可信代码包含安全内核和安全设备驱动;它很小,因而更便于保存和验证。

## 2.1.5 高级 SIMD 体系结构

高级 SIMD 体系结构是一个多媒体和信号处理架构,它添加了针对音频、视频、3D 图形、图像处理的指令。高级 SIMD 指令在 ARM 和 Thumb 状态下均有效。

NENO 协处理器提供了一个寄存器阵列,它不同于 ARM 整型内部寄存器阵列。高级 SIMD 指令和 VFP 指令都可使用该寄存器阵列。

高级 SIMD 指令执行被打包数据的 SIMD 操作。这些操作会对寄存器中被打包的同一类型数据进行同一处理,这样可以实现同时对多个数据进行同一操作。指令是对保存在 64 位或 128 位寄存器中的向量进行处理,这些向量的组成成分可以是:

- 32 位单精度浮点数。
- 8 位、16 位、32 位或 64 位有符号或无符号整数。
- 8 位、16 位、32 位或 64 位位域。
- 带一位系数的 8 位或 16 位多项式。

## 2.1.6 VFPv3 体系结构

VFPv3(向量浮点)架构是 VFPv2 架构的增强版,主要变化如下:

- 双精度浮点寄存器的数量增加到 32 个。
- 引入新指令:将一个浮点常量放置于一个寄存器中,然后执行定点数和浮点数之间的转换。
- 引入 VFPv3 变量,并不会造成浮点异常。

VFPv3 向后兼容 VFPv2,但并不支持浮点异常处理。

## 2.1.7 处理器操作状态

Cortex-A8 处理器有 3 种操作状态,这些状态由 CPSR 寄存器的 T 位和 J 位控制。

- ARM 状态:执行 32 位字对齐的 ARM 指令,T 位和 J 位为 0。
- Thumb 状态:执行 16 位或 32 位半字对齐的 Thumb2 指令;T 位为 1,J 位为 0。
- ThumbEE 状态:执行为动态产生目标而设计的 16 位或 32 位半字对齐的

Thumb2 指令集的变体。T 位和 J 位为 1。

注意：Cortex-A8 处理器不支持 Jazelle 状态，这意味着没有 T 位为 0、J 位为 1 的状态。ARM 状态和 Thumb 状态之间的切换并不影响处理器模式和寄存器的内容。

处理器的操作状态可以在以下几种状态间转换：

- ARM 状态和 Thumb 状态之间转换：使用 BL 和 BLX 指令，并加载到 PC。
- Thumb 状态和 ThumbEE 状态之间转换：使用 ENTERX 指令和 LEAVEX 指令。

异常会导致处理器进入 ARM 状态或 Thumb 状态，具体状态由系统控制协处理器的 TE 位决定。一般情况，当退出异常处理时，处理器会恢复原来的 T 位和 J 位的值。

Cortex-A8 处理器允许用户混合使用 ARM 和 Thumb-2 指令。

## 2.2 数据类型与存储格式

### 2.2.1 数据类型

Cortex-A8 支持以下数据类型：

- 双字，64 位。
- 字，32 位。
- 半字，16 位。
- 字节，8 位。

当这些数据类型为无符号数时，为普通二进制格式，$N$ 位数据值代表一个非负整数（范围为 $0 \sim 2^N - 1$）；当这些数据类型为有符号数时，为二进制补码格式，$N$ 位数据值代表一个整数（范围为 $-2^{N-1} \sim 2^{N-1} - 1$）。

为了达到最好的性能，用户必须按照以下方式对齐：

- 以字为单位时，按 4 字节对齐。
- 以半字为单位时，按 2 字节对齐。
- 以字节为单位时，按 1 字节对齐。

Cortex-A8 处理器支持混合大小端格式和非对齐数据访问。如果没有设置对齐，就不能使用 LDRD、LDM、LDC、STRD、STC 指令来访问 32 位字长倍数的数据。

### 2.2.2 存储格式

Cortex-A8 处理器支持小端格式和字节不变的大端格式。此外，处理器还支持混合大小端格式（既有大端格式又有小端格式）和非对齐数据访问。对指令的读取，则总是以小端格式操作。

## 2.3 操作模式

Cortex-A8 处理器有如下 8 个操作模式：
- 用户模式（User mode）是一般的 ARM 程序运行状态，用来执行大部分的应用程序。
- 快速中断模式（Fast interrupt mode，FIQ）用来处理快速中断。
- 中断模式（Interrupt mode，IRQ）模式用于一般的中断处理。
- 管理员模式（Supervisor mode）是为 OS 提供的一种保护模式。
- 中止模式（Abort mode），当取数据中止或取指令中止时进入中止模式。
- 系统模式（System mode），对于 OS 来说系统模式优先于用户模式。
- 未定义模式（Undefined mode），当未定义指令异常发生时，进入未定义模式。
- 监视模式（Monitor mode）是用于安全扩展中的安全监视代码运行的一种模式。

除了用户模式，其他模式都是特权模式。特权模式用于为中断和异常服务，或是可以访问受保护的资源。表 2-1 列出了 Cortex-A8 处理器的各种模式。

表 2-1 处理器操作模式

| 模式 | 模式类型 | 内核安全状态 | |
|---|---|---|---|
| | | NS 位为 1 | NS 位为 0 |
| User | 用户 | 非安全 | 安全 |
| FIQ | 特权 | 非安全 | 安全 |
| IRQ | 特权 | 非安全 | 安全 |
| Supervisor | 特权 | 非安全 | 安全 |
| Abort | 特权 | 非安全 | 安全 |
| Undefined | 特权 | 非安全 | 安全 |
| System | 特权 | 非安全 | 安全 |
| Monitor | 特权 | 安全 | 安全 |

## 2.4 寄存器组

Cortex-A8 处理器总共有 40 个寄存器，如图 2-2 和 2-3 所示，其中有 33 个 32 位通用寄存器、7 个 32 位状态寄存器。这些寄存器并不能同时访问，处理器状态和操作模式决定了哪些寄存器对编程者是可用的。

### 2.4.1 通用寄存器

如图 2-2、图 2-3 所示，在 ARM 状态，任何时刻，16 个数据寄存器 r0～r15 和 1～

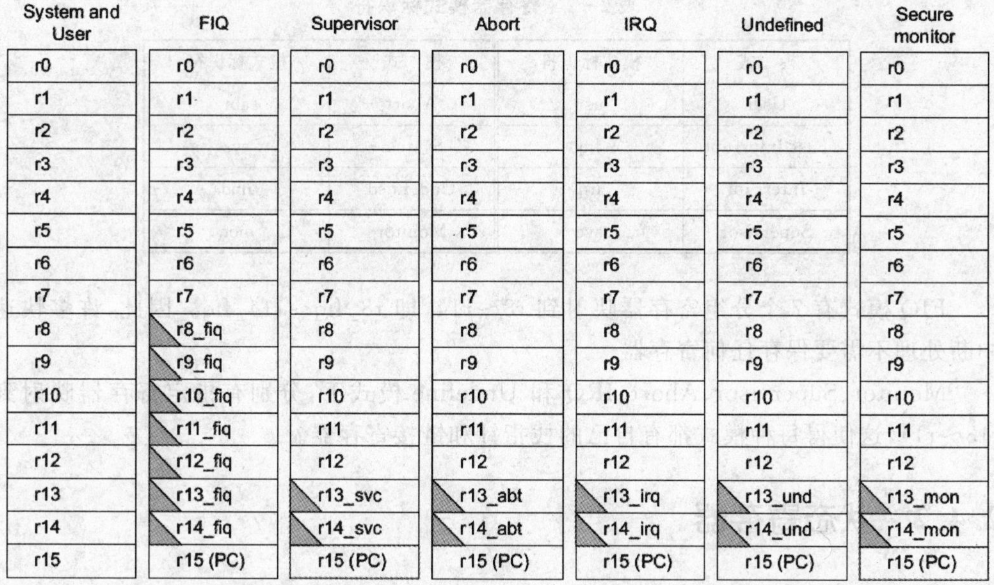

| System and User | FIQ | Supervisor | Abort | IRQ | Undefined | Secure monitor |
|---|---|---|---|---|---|---|
| r0 | r0 | r0 | r0 | r0 | r0 | r0 |
| r1 | r1 | r1 | r1 | r1 | r1 | r1 |
| r2 | r2 | r2 | r2 | r2 | r2 | r2 |
| r3 | r3 | r3 | r3 | r3 | r3 | r3 |
| r4 | r4 | r4 | r4 | r4 | r4 | r4 |
| r5 | r5 | r5 | r5 | r5 | r5 | r5 |
| r6 | r6 | r6 | r6 | r6 | r6 | r6 |
| r7 | r7 | r7 | r7 | r7 | r7 | r7 |
| r8 | r8_fiq | r8 | r8 | r8 | r8 | r8 |
| r9 | r9_fiq | r9 | r9 | r9 | r9 | r9 |
| r10 | r10_fiq | r10 | r10 | r10 | r10 | r10 |
| r11 | r11_fiq | r11 | r11 | r11 | r11 | r11 |
| r12 | r12_fiq | r12 | r12 | r12 | r12 | r12 |
| r13 | r13_fiq | r13_svc | r13_abt | r13_irq | r13_und | r13_mon |
| r14 | r14_fiq | r14_svc | r14_abt | r14_irq | r14_und | r14_mon |
| r15 | r15 (PC) | r15 (PC) | r15 (PC) | r15 (PC) | r15 (PC) | r15 (PC) |

图 2-2 ARM 状态下 Cortex-A8 通用寄存器组

| CPSR | CPSR | CPSR | CPSR | CPSR | CPSR | CPSR |
|---|---|---|---|---|---|---|
|  | SPSR_fiq | SPSR_svc | SPSR_abt | SPSR_irq | SPSR_und | SPSR_mon |

图 2-3 ARM 状态下 Cortex-A8 状态寄存器组

2 个状态寄存器是可访问的。在特权模式下,特定模式下的寄存器阵列才是有效的。

和 ARM 状态一样,Thumb 和 ThumbEE 状态下也可以访问同样的寄存器集;但是其中 16 位指令对某些寄存器的访问是有限制的,32 位的 Thumb 指令和 ThumbEE 指令则没有限制。

16 个数据寄存器中 r0~r13 是通用寄存器,用来保存数据和地址;r14 和 r15 则有以下特定功能。

链接寄存器 r14:子程序链接寄存器,当处理器执行 BL 和 BLX 指令时,R14 可以保存返回地址。在其他情况下,可以把它当作一个通用寄存器来使用。类似,当处理器进入中断和异常,或在中断和异常子程序中执行 BL 和 BLX 指令时,相关的阵列寄存器 r14_mon、r14_svc、r14_irq、r14_fiq、r14_abt、r14_und 用来保存返回值。

程序计数器 r15:程序计数器(PC)。在 ARM 状态下,PC 字对齐;在 Thumb 状态和 ThumbEE 状态下,PC 半字对齐。

图 2-2 和图 2-3 中的分组寄存器有一个模式位指示当前所处的操作模式,如表 2-2 所列。在寄存器名中,模式标识符 user 通常省略。仅当处理器在另一处理模式下,访问指定的 User 或 System 模式寄存器时,标识符 user 才出现。

表 2-2 寄存器模式标识符

| 模 式 | 模式标识符 | 模 式 | 模式标识符 |
| --- | --- | --- | --- |
| User | usr | Abort | abt |
| Fast Interrupt | fiq | System | sys |
| Interrupt | irq | Undefined | und |
| Supervisor | svc | Monitor | mon |

FIQ 模式有 7 个分组寄存器映射到 r8~r14，即 r8_fiq~r14_fiq。因此，许多快速中断处理不需要保存任何寄存器。

Monitor、Supervisor、Abort、IRQ 和 Undefine 模式下，分别有指定寄存器映射到 r13~r14，这使得每种模式都有自己的栈指针和链接寄存器。

## 2.4.2 状态寄存器

处理器有两类程序状态寄存器，1 个当前程序状态寄存器 CPSR 和 6 个保存程序状态寄存器 SPSR。这些程序状态寄存器主要功能如下：

- 保存最近执行的算术或逻辑运算的信息；
- 控制中断的允许或禁止；
- 设置处理器操作模式。

程序状态寄存器的位域如图 2-4 所示。

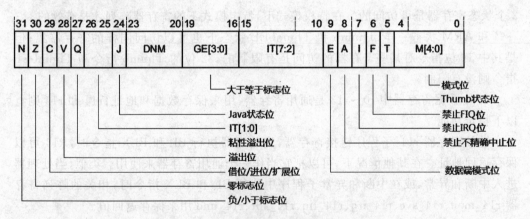

图 2-4 程序状态寄存器

图 2-4 中 DNM 位不能被软件修改，这些位：

- 可读，用于保存处理器的状态，例如在进程上下文切换时；
- 可写，用于恢复处理器的状态。

为了保持与未来 ARM 处理器的兼容性，强烈建议在修改 CPSR 寄存器时使用"读—修改—写"的策略。

# 第 2 章  Cortex-A8 处理器编程模型

## 1. 条件标志位

图 2-4 中，N、Z、C 和 V 是条件标志位，算术和逻辑操作会设置它们，也可以通过 MSR 和 LDM 指令来设置。处理器通过测试这些标志位来确定一条指令是否执行。

在 ARM 状态，可以根据 N、Z、C、V 位的状态有条件地执行大多数指令。在 Thumb 状态，也可有条件地执行少数的指令；但是在 Thumb 状态则可以用 IT 指令使大多数指令有条件地执行。

## 2. Q 标志位

Q 标志是粘性溢出位，执行如下一些的乘法和分数运算指令可将其设置为 1：QADD、QDADD、QSUB、QDSUB、SMLAD、SMLAxy、SMLAWy、SMLSD、SMUAD、SSAT、SSAT16、USAT、USAT16。

Q 标志位具有粘性，当因某条指令将其置为 1 时，它将一直保持为 1 直到通过 MSR 指令写 CPSR 寄存器明确地将该位清 0，不能根据 Q 标志位的状态来条件地执行某条指令。为了确定 Q 标志位的状态，必须通过读入 PSR 到一个寄存器，然后从中提取 Q 标志位。

## 3. IT 块

如果有 IT 块，则 IT[7:5]为当前 IT 块的基本条件码。在没有 IT 块处于活动状态时，这 3 位为 000。IT[4:0]表示条件执行指令的数量，不论指令的条件是基本条件码或是基本条件的逆条件码。在没有 IT 块处于活动状态时，这 5 位是 00000。

当处理器执行 IT 指令时，通过指令的条件和指令中 Then、Else(T 和 E)参数来设置这些位。在 IT 块执行期间，每执行一条指令，IT[4:0]将发生如下变化：

- 条件执行的指令数目减 1；
- 移动下一位到指定位置，形成条件码的最低有效位。

## 4. J 位

CPSR 中的 J 位用于表示处理器是否处于 ThumbEE 状态。当 T=1 时，

- J = 0,表示处理器处于 Thumb 状态。
- J = 1,表示处理器处于 ThumbEE 状态。

注意：

- T=0 时,不能够设置 J=1；当 T=0 时,J=0。
- 不能通过 MSR 指令来改变 CPSR 的 J 位。

## 5. GE[3:0]位

一些 SIMD 指令根据字节或半字的运算结果(大于或等于)来设置 GE[3:0]，如表 2-3 所列。注意，如果 A op B>=C,GE=1；否则,GE=0。

表 2-3 GE[3:0]的设置

| 指 令 | GE[3] | GE[2] | GE[1] | GE[0] |
|---|---|---|---|---|
| 有符号指令 | A op B >= C | A op B >= C | A op B >= C | A op B >= C |
| SADD16 | [31:16]+[31:16]≥0 | [31:16]+[31:16]≥0 | [15:0]+[15:0]≥0 | [15:0]+[15:0]≥0 |
| SSUB16 | [31:16]−[31:16]≥0 | [31:16]−[31:16]≥0 | [15:0]−[15:0]≥0 | [15:0]−[15:0]≥0 |
| SADDSUBX | [31:16]+[15:0]≥0 | [31:16]+[15:0]≥0 | [15:0]−[31:16]≥0 | [15:0]−[31:16]≥0 |
| SSUBADDX | [31:16]−[15:0]≥0 | [31:16]−[15:0]≥0 | [15:0]+[31:16]≥0 | [15:0]+[31:16]≥0 |
| SADD8 | [31:24]+[31:24]≥0 | [23:16]+[23:16]≥0 | [15:8]+[15:8]≥0 | [7:0]+[7:0]≥0 |
| SSUB8 | [31:24]−[31:24]≥0 | [23:16]−[23:16]≥0 | [15:8]−[15:8]≥0 | [7:0]−[7:0]≥0 |
| 无符号指令 | GE[3] | GE[2] | GE[1] | GE[0] |
| UADD16 | [31:16]+[31:16]≥$2^{16}$ | [31:16]+[31:16]≥$2^{16}$ | [15:0]+[15:0]≥$2^{16}$ | [15:0]+[15:0]≥$2^{16}$ |
| USUB16 | [31:16]−[31:16]≥0 | [31:16]−[31:16]≥0 | [15:0]−[15:0]≥0 | [15:0]−[15:0]≥0 |
| UADDSUBX | [31:16]+[15:0]≥$2^{16}$ | [31:16]+[15:0]≥$2^{16}$ | [15:0]−[31:16]≥0 | [15:0]−[31:16]≥0 |
| USUBADDX | [31:16]−[15:0]≥0 | [31:16]−[15:0]≥0 | [15:0]+[31:16]≥$2^{16}$ | [15:0]+[31:16]≥$2^{16}$ |
| UADD8 | [31:24]+[31:24]≥$2^8$ | [23:16]+[23:16]≥$2^8$ | [15:8]+[15:8]≥$2^8$ | [7:0]+[7:0]≥$2^8$ |
| USUB8 | [31:24]−[31:24]≥0 | [23:16]−[23:16]≥0 | [15:8]−[15:8]≥0 | [7:0]−[7:0]≥0 |

SEL 指令用 GE[3:0]来选择由哪个源寄存器提供其结果的每个字节。

注意：

■ 对于无符号操作,无符号加减法对 GE 位的影响由一般 ARM 规则决定,进位借位也是如此。

■ 对于有符号操作,设置 GE 位的规则是特别的,以便有符号数运算的"大于等于"关系与无符号操作一样。

### 6. E 位

E 位控制存取操作的字节顺序。ARM 和 Thumb 指令集都提供指令用于设置和清除 E 位。当使用 CFGEND0 信号复位时,E 位将被初始化。

### 7. A 位

A 位自动置为 1,用于禁止不精确的数据中止。如果 SCR 寄存器中的 AW 位被复位,则在非安全态下该位不能写。

### 8. 控制位

状态控制寄存器的低 8 位是控制位,有中断禁止位、T 位和模式位。当异常发生时,控制位发生改变。当处理器处于特权模式时,软件可以操纵这些位。

**(1) 中断屏蔽位**

I 位和 F 位是中断禁止位:

➢ 当 I 位置为 1 时,IRQ 中断被禁止。

## 第 2 章　Cortex-A8 处理器编程模型

> 当 F 位置为 1 时，FIQ 中断被禁止。如果 SCR 寄存器的 FW 位复位，FIQ 在不安全状态下不可被屏蔽。

注意，可以在不安全状态下改变 SPSR 的 F 位，但是如果 SCR[4] 位 FW 不允许则不会更新 CPSR。

**(2) T 位**

T 位反映了操作状态：

> 当 T 位被置为 1，J 位决定处理器是在 Thumb 还是在 ThumbEE 状态下执行。
> 当 T 位被清 0，说明处理器正在 ARM 状态下执行。

注意，不要用 MSR 指令来强行修改 CPSR 的 T 位状态。如果强行用 MSR 指令修改该位，其结果不可预知。在处理器中，这位不会受影响。

**(3) 模式位**

TM[4：0] 是模式位，这些位决定处理器操作模式，如表 2-4 所列。

表 2-4　TM[4：0] 的设置

| M[4：0] | 10000 | 10001 | 10010 | 10011 | 10111 | 11011 | 11111 | 10110 |
|---|---|---|---|---|---|---|---|---|
| Mode | User | FIQ | IRQ | Supervisor | Abort | Undefined | System | Secure Monitor |

## 9. 通过 MSR 指令改变 PSR 位

在以前的体系结构版本中，MSR 指令可以在任何模式下改变 CPSR 的标识字节，即 [31：24] 位；但是其他 3 个字节只能在特权模式下改变。

从 ARMv6 之后，对 CPSR 中各位的修改采取以下策略中的一种：

■ 对于可以被 MSR 指令修改的位，可以在任何模式下改变位，不论是直接通过 MSR 指令还是通过其他具有写指定位或改变整个 CPSR 功能的指令来修改。这一类位包含：N、Z、C、V、Q、GE[3：0] 和 E 位。

■ 对于不能被 MSR 指令改变的位，则只能因其他指令的副作用而修改。如果一条 MSR 指令非要试着修改这个位的话，结果是不可预知的。这一类包含 J 和 T 位。

■ 对于只能在特权模式下才能修改的位，处理器在用户模式下不能通过指令修改它。当处理器处于用户模式时，唯一能够改变这些位的方法就是进入一个处理器异常。这一类位包含 A、I、F、M[4：0]。

只有安全的特权模式下才能直接写 CPSR 的模式位来进入 Monitor 模式。如果内核处于安全的 User 模式、非安全的 User 模式或不安全的特权模式，则它将忽略为了进入安全监控模式而对 CPSR 进行的改变。

## 10. 保留位

在 PSRs 中剩下的位是不使用和保留的。当希望改变一个 PSR 的标识位或控制位时，最好确保没有改变保留位，这将确保程序不依赖于这些保留位，因为未来的处理器或许会用到一些或者全部的保留位。

## 2.5 处理器系统地址

Cortex-A8 处理器系统中，有 3 种不同类型的地址：
- 虚拟地址 VA。
- 可修改虚拟地址 MVA。
- 物理地址 PA。

当内核处于安全状态时，VA 也是安全的，反之亦然。当处于安全模式时，内核使用安全转换表来实现 VA 到 PA 的转换；否则，使用非安全转换表来实现 VA 到 PA 的转换。

处理器系统中的地址类型如表 2-5 所列。

表 2-5 处理器内地址类型

| 处理器 | Caches | TLBs | AXIbus |
|---|---|---|---|
| 虚拟地址 | 虚拟索引物理标签 | 转换虚拟地址到物理地址 | 物理地址 |

下面是处理器请求一条指令时，地址处理的过程。

① 根据处理器的状态，处理器将指令的 VA 作为安全虚拟地址或非安全虚拟地址。

② VA 的低位指示指令 Cache。根据安全或非安全进程 ID、CP15 c13，将 VA 转换为 MVA，然后在 TLB 中转换为 PA。TLB 通过 Cache 查找并行执行转换。若内核处于安全状态下，则使用安全描述符；否则，使用非安全描述符。

③ 如果 TLB 对 MVA 进行保护检查成功，而且 PA 标签也在指令 Cache 中，那么就将指令数据返回给处理器。

④ PA 被传递到 L2 Cache 中，如果 L2 包含了请求指令的物理地址，那么将由 L2 提供指令数据。

⑤ 若在 L2 未命中，则 PA 被传送到 AXI 总线接口去执行外部访问。当内核处于非安全状态时，外部访问总是非安全的。当内核在安全状态下，外部访问是否为安全的，则取决于所选择描述符中 NS 属性值。

## 2.6 异 常

异常是处理外部异步事件的一种方法，在有些处理器架构中称为中断。当某个异常发生时，例如一个来自外围设备的中断，处理器将暂停正常运行的程序；在处理这个异常之前，处理器需要保留当前处理器状态以便在异常处理程序结束之后恢复原来程序运行。若有两个或更多的异常同时发生，处理器将根据中断优先级来处理这些异常。

本节将描述 Cortex - A8 处理器处理异常的方法。

## 2.6.1 异常入口

表 2-6 为进入异常处理时保留在 r14 寄存器中的 PC 值,并给出了退出异常处理的建议指令。

表 2-6 异常的进入与退出

| 异常入口 | 返回指令 | 前状态 | | 说 明 |
|---|---|---|---|---|
| | | ARM r14_x | Thumb r14_x | |
| SVC | MOVS PC, R14_svc | PC + 4 | PC+2 | 这里的 PC 是 SVC、SMC 或未定义指令的地址 |
| SMC | MOVS PC, R14_mon | PC + 4 | — | |
| UNDEF | MOVS PC, R14_und | PC + 4 | PC+2 | |
| PABT | SUBS PC, R14_abt, #4 | PC + 4 | PC+4 | 这里的 PC 是预取指令中止时的地址 |
| FIQ | SUBS PC, R14_fiq, #4 | PC + 4 | PC+4 | 这里的 PC 是因 FIQ 或 IRQ 抢占而未执行指令的地址 |
| IRQ | SUBS PC, R14_irq, #4 | PC + 4 | PC+4 | |
| DABT | SUBS PC, R14_abt, #8 | PC + 8 | PC+8 | 这里的 PC 是存、取指令是发生数据中止的地址 |
| RESET | — | | | 复位时存在的 r14_SVC 的值不可预测 |
| BKPT | SUBS PC, R14_abt, #4 | PC + 4 | PC+4 | 软件断点 |

## 2.6.2 退出异常

异常处理结束时,异常处理程序必须将 LR 减一个偏移量然后移到 PC 中。根据异常的类型不同,偏移量也不同,如表 2-6 所列。

通常情况下,返回指令是一个将 S 位置为 1 并且让 rd=r15 的算术或逻辑操作,即内核将 SPSR 复制回 CPSR 中。

注意,当从 SPSR 中恢复 CPSR 时,自动复位 T 位,并且将当前中断优先级的值写入到 J 位中。另外,A、I、F 位也自动恢复为中断之前的值。

## 2.6.3 复 位

复位也是一种异常。当复位信号产生时,复位发生处理器放弃正在执行的指令。当复位信号失效之后,处理器会采取如下动作:

① 为了安全,强制 SCR 中的 NS 位为 0,并且将 CPSR 置为 10011,进入安全 Supervisor 模式。

② 将 CPSR 的 A、I、F 位置为 1。

③ 将 CPSR 的 J 位置 0，根据 CFGTE 输入的状态来决定 CPSR 的 T 位；CPSR 的其他位不确定。

④ 强制 PC 从复位向量地址中获取下一条指令。

⑤ 根据 CFGTE 输入的状态，在 ARM 或者 Thumb 状态下执行恢复操作。

复位之后，除了 PC 和 CPSR 以外的所有的寄存器的值都是不确定的。

### 2.6.4　快速中断请求 FIQ

FIQ 异常支持快速中断。在 ARM 状态下，FIQ 模式有 8 个专用寄存器，用于减少甚至取消寄存器保护的需求，这可以最大限度地减少了上下文切换的开销。

FIQ 是通过设置 nFIQ 信号输入为低电平而产生的。nFIQ 输入记录在处理器的内部寄存器中。它是处理器逻辑控制所使用寄存器的输出。

不论是从 ARM 状态、Thumb 状态还是 Java 状态进入 FIQ 异常，都通过执行如下指令退出：

SUBS PC,R14_fiq,#4

可以通过设置 CPSR 的 F 标识位，在特权模式中禁止 FIQ。若 F 标识位被清 0，处理器在每条指令结束时检查 nFIQ 寄存器的输出是否为低电平。

通过 SCR 寄存器中的 FW 位和 FIQ 位可配置 FIQ 为：

■ 在非安全状态下不可屏蔽（SCR 中的 FW 位）；

■ 跳转到当前 FIQ 模式或 Monitor 模式（SCR 中的 FIQ 位）。

当一个 FIQ 发生时，其他 FIQ 和 IRQ 是被屏蔽的。可以使用中断嵌套，但是如何保存相关寄存器和再次允许 FIQ 和中断是由程序员决定的。

### 2.6.5　中断请求 IRQ

IRQ 是通过对 nIRQ 输入低电平引起的正常中断，比 FIQ 优先级低。当处理器进入 FIQ 处理时，IRQ 会被屏蔽。

不论是从 ARM 状态、Thumb 状态还是 Java 状态进入 IRQ 异常，IRQ 处理程序都通过执行如下指令退出：

SUBS PC,R14_fiq,#4

可以通过设置 CPSR 的 I 标识位，在特权模式下禁止 IRQ 异常。当 I 标志位为 0 时，处理器在每条指令结束后检查 nIRQ 寄存器输出电平是否为低。

当一个 IRQ 发生时，其他 IRQ 是被屏蔽的。可以使用中断嵌套，但是如何保存相关寄存器和再次允许 IRQ 是由程序员决定的。

设置 SCR 寄存器的 IRQ 位，可配置 IRQ 跳转到 IRQ 模式或 Monitor 模式。

## 2.6.6 中止 Abort

中止是一种异常,用于告知操作系统:与某个值关联的内存访问无效。试图访问无效的指令或数据内存单元通常都会引起中止。

中止通常属于以下情况:
- 一个由内存管理单元 MMU 产生的内部中止信号。
- 一个由 L1 或 L2 高速缓存的错误状态而引起的内部中止。
- 一个因 AXI 响应错误而由 AXI 接口产生的外部中止信号。

一个内部的或外部的中止属于以下情况:
- 一个预读取中止。
- 一个数据中止。

此外,中止有精确和不精确之分。一个精确的中止出现在与触发中止异常相关的指令中。一个不精确的中止出现在与触发中止异常相关指令的下一条指令中。

当中止发生时,IRQs 被屏蔽。当中止被配置为跳转到 Monitor 模式时,FIQ 也被屏蔽。

### 1. 预读取中止

预读取中止与取指令相关,与数据访问无关。

当一个预读取中止发生时,处理器将标识这条预读取指令无效,但是直到执行这条指令才产生异常。如果处理器不执行这条指令,例如在运行时发生了跳转,中止将不会发生。

当处理完中止的起因后,不论处理器处于何种操作模式,处理程序会执行以下指令:

SUBS PC,R14_abt,#4

此操作既恢复了 PC 和 CPSR,又重试了被中止的指令。

### 2. 数据中止

数据中止与数据访问有关,而与取指令无关。处理器产生的数据中止可以是精确的或不精确的。

内部的精确的数据中止是由 MMU 检查数据存取而产生的:
- 对齐故障。
- 转换故障。
- 位访问故障。
- 域故障。
- 许可故障。

注意,与系统控制协处理器一起执行的指令存储器系统也可以产生内部精确的数据中止。

外部产生的数据中止可以是精确或不精确的,由两个独立的 FSR 编码标识外部中止是精确还是不精确的。

- 所有对强顺序存储器存取访问而产生的外部中止都是精确的。
- 所有对 PC 或 CPSR 读取而产生的外部中止都是精确的。
- 所有对 SWP 的部分读取而产生的外部中止都是精确的。
- 所有其他的外部中止都是不精确的。

可 Cache 的存储区域支持外部中止,当处理器需要的一个字产生外部中止时,这个中止会传送到处理器中去。

**3. 精确数据中止**

提供给精确中止异常处理程序的系统状态,通常是产生这个中止的指令状态,而不会是下一条指令的状态。因此,当异常处理程序处理完中止源之后,将直接重启处理器。

Cortex-A8 处理器实现了基本数据中止恢复模型,和 ARM7TDMI-S 处理器实现的基本数据中止更新模型有所不同。

按照基本数据中止恢复模型,当执行一条访问内存指令出现数据中止异常时,处理器硬件通常将基本寄存器的值恢复为该指令执行之前的值。这消除了数据中止处理程序中保护基本寄存器的需求,简化了软件数据中止处理程序。

当处理完中止源后,不论处理器是什么操作模式,中止异常处理程序都执行下面的指令返回:

SUBS PC,R14_abt,#8

这条指令恢复了 PC 和 CPSR 寄存器,并重试产生中止的指令。

**4. 不精确数据中止**

提供给不精确中止异常处理程序的系统状态可以是产生中止指令的下一条指令的状态。因此,并不总是在异常发生时就会重启处理器。因为观察点引起的数据终止异常是精确的。

## 2.6.7 通过 CPSR/SPSR 屏蔽不精确数据中止

一个不精确数据中止,例如,是由一个写缓冲区发生的外部错误与指令执行异步所引起的。不精确数据中止可以在内存访问的指令执行完多个周期后才发生。因此,不精确数据中止可以在处理器因一个精确数据中止而处于中止模式时发生,或是在中止模式下正处理一个中断时发生。

为了避免这些情况下中止模式状态(r14_abt 和 SPSR_abt)的丢失,系统必须保持一个挂起的不精确数据中止存在,直到当中止模式可以被安全进入时。因为如果中止模式状态丢失,将导致处理器进入不可恢复状态。

在 CPSR 中有一个标志位 A,用来指示不精确数据中止是否可以被接受。当不精确的数据中止未被屏蔽时,不精确数据中止将会导致一个数据中止发生;如果被屏蔽,则处理器负责保存一个挂起的不精确数据中止,直到 A 位被清 0,中止发生。A 位会在进入中止模式、IRQ 模式、FIQ 模式以及复位时自动被设置为 1。注意:如果 SCR[5] 位被复位,则不可以在非安全模式下改变 CPSR 的 A 位;可以在非安全模式下改变 SPSR 的 A 位,但如果 SCR[5] 位不允许,这也不会更新 CPSR。

### 2.6.8 软件中断指令

可以用 SVC(Supervisor Call)指令进入 Supervisor 模式,这通常是为了请求一个特殊的管理员功能。SVC 处理程序通过读取操作码来提取 SVC 功能号。不论处理器处于何种模式,一个 SVC 处理程序通过执行如下指令返回:

```
MOVS PC, R14_svc
```

此操作将恢复 PC 和 CPSR,返回到 SVC 指令的下一条指令。当软件中断发生时,IRQs 被屏蔽。

### 2.6.9 软件监视指令

当处理器执行 SMC 指令时,内核进入监控模式请求监控功能。用户进程执行 SMC 会导致一个未定义的指令异常发生。

### 2.6.10 未定义指令异常

当遇到一条处理器或系统协处理器无法处理的指令时,则产生未定义指令异常。软件可以利用这种机制,通过模拟未定义的协处理器指令来扩展 ARM 指令集。

在模拟失败的指令之后,无论处理器处于何种模式,异常处理程序将会执行下面的指令:

```
MOVS PC,R14_und
```

这个操作会恢复 CPSR,返回到未定义指令异常的下一条指令。

当未定义的指令异常发生时,IRQ 异常会被屏蔽。

### 2.6.11 断点指令

执行断点指令 BKPT,好像产生一个预取中止异常。在断点指令到达流水线的执行阶段之前,不会引起处理器产生预取中止异常。如果处理器不执行断点指令,例如发生了分支跳转,断点异常将不发生。

在处理完断点之后,异常处理程序将会执行下面的指令:

SUBS PC, R14_abt, #4

这个操作会恢复 PC 和 CPSR,并再次重试断点指令。

如果内嵌 ICE-RT 逻辑被配置为挂起调试模式,断点指令将导致处理器进入调试状态。

## 2.6.12 异常向量

安全配置寄存器 SCR 的[3:1]位决定当 IRQ、FIQ 或外部中止异常发生时,处理器进入何种模式。CP15 c12,安全或非安全向量基址寄存器和监视向量基址寄存器分别定义了非安全、安全和安全监视向量表的基址。如果使用 CP15 c1 的[13]位启用了高向量,则不论这些寄存器的值是多少,非安全和安全向量表的基址均为0xFFFF0000。启用高向量对安全监视向量地址没有影响。

## 2.6.13 异常优先级

当多个异常同时发生时,由优先级系统决定异常处理的顺序,Cortex-A8 处理器异常优先级顺序如表 2-7 所列。

表 2-7 异常优先级

| 优先级 | 异 常 | 优先级 | 异 常 |
|---|---|---|---|
| 1(最高) | Reset | 5 | 预取中止 |
| 2 | 精确数据中止 | 6 | 非精确数据中止 |
| 3 | FIQ | 7(最低) | BKPT、未定义指令、SVC、SMC |
| 4 | IRQ | | |

注意,有些异常是不能同时发生的:

■ 断点、未定义指令、SMC 和 SVC 异常,这四者是互斥的。每个对应一个特别的,不重叠的指令及其译码。

■ 当允许 FIQ 时,一个精确数据中止异常作为 FIQ 同时发生,处理器会进入数据中止异常处理程序,立即获得 FIQ 向量。从 FIQ 的正常返回,将导致数据中止异常处理程序重新执行。精确的数据中止必须比 FIQ 的优先级更高,才能确保传输错误会被检测到。因此在用中止异常支持虚拟内存的系统中,必须增加异常进入时间到最坏情况下 FIQ 等待时间中。

注意,如果数据中止异常是精确外部中止异常,而且 SCR 的[3]位,EA 被置为1,处理器会进入监视模式,这时中止和 FIQ 会被自动屏蔽,因此处理器随后不会获得 FIQ 向量。

## 2.7 安全扩展

Cortex-A8 处理器实现了 TrustZone 安全扩展体系结构,以便用户开发有安全需求的应用。为了实现安全扩展,在软件和硬件方面都需要有所考虑。

### 2.7.1 出于安全扩展的软件考虑

监视模式负责从一种状态到另一种状态的转换,因此只能在监视模式下修改 SCR。

推荐返回到非安全状态的方法有:
- 设置 SCR 的 NS 位为 1。
- 执行一条 MOVS 或 SUBS 指令。

所有 ARM 体系架构的处理器,都确保不能执行 MOVS、SUBS 或等同指令之后的带有安全访问许可的预取指令。

强烈建议不要使用 MSR 指令实现从安全状态到非安全状态的转换。在 ARM 体系结构中,不能保证在监视模式下设置 NS 位为 1 后,一条 MSR 指令能够避免执行有安全访问许可的预读取指令。这是因为处理器可预取 MSR 之后有安全特权许可指令。如果预取的指令在非安全状态下执行,则可能成为系统的安全漏洞。

如果 MSR 指令在安全内存与非安全内存的边界,预取指令在非安全的内存中,当给安全信息到非安全状态时,这些预取指令可能被损坏。

为了避免 MSR 指令出现这种问题,可在 MSR 后面使用 IMB 指令。如果使用 IMB 指令,则必须保证在 MSR 和 IMB 之间执行的指令不会泄露任何信息到非安全状态中,而且不会依赖安全的许可级别。

强烈建议不要在特权模式(除了监视模式)下设置 NS 位为 1,这样做的话,可能会遇到使用 MSR 返回到非常安全状态一样的问题。为了避免 MSR 指令之后出现信息泄露,可使用 IMB 序列。

为了让处理器进入安全监视模式,处理器执行如下指令:

```
SMC {<cond>} <imm4>
```

其中,<cond>表示处理器执行 SMC 时的条件;<imm4>,处理器忽略这 4 位立即值,但是安全监视模式可以用它来决定提供那种服务。

为了从安全监视模式下返回,处理器会执行如下指令:

```
MOVS PC, R14_mon
```

## 2.7.2 出于安全扩展的硬件考虑

**1. 系统启动顺序**

安全扩展计算是建立一个安全的软件环境。但是此技术不能让处理器免于硬件攻击,而且还必须保证包含启动代码的硬件是安全的。

在安全状态下,处理器总是在特权管理员模式下启动,NS 位是 0。这意味着不是为了安全扩展而写的代码总是在安全状态下执行,但是没有方法进入非安全状态。因为安全和不安全状态互为镜像,这个安全操作不影响那些不是为安全扩展而写的代码的功能。外设在安全状态下启动。

安全 OS 代码在复位向量处必须:

① 初始化安全 OS,这包含通常的启动动作:
    a. 如果设计使用了高速缓存或内存保护,则生成转换表和在内存管理单元转换。
    b. 开启堆栈。
    c. 设置运行时环境和每个处理器模式的程序堆栈。

② 初始化安全监视模式,包含如下动作:
    a. 分配工作空间。
    b. 设置安全监视堆栈指针,初始化其状态块。

③ 用分区检查器来分配物理内存,用于非安全 OS。

④ 用 SMC 指令获得对非安全 OS 的控制,在此之后非安全 OS 启动。

软件的整体安全性依赖于与安全监视代码一起的启动代码的安全。

**2. 安全扩展写访问禁止**

CP15SDISABLE 引脚信号的改变会迅速对处理器解码指令产生影响。当在宏单元边界改变这个引脚之后,软件必须执行一个 ISB 指令,确保它的影响能被后续指令识别。该引脚信号变化通常发生在:

- 对 CP15SDISABLE 引脚的控制仍保留在实现宏单元的 SoC 中。
- CP15SDISABLE 引脚在 SoC 硬件复位时被清为逻辑 0。

可以用 CP15SDISABLE 引脚在安全启动代码运行后屏蔽对系统控制寄存器的访问,并且保护安全启动代码应用的配置。

只有在安全特权模式下才能访问受 CP15SDISABLE 引脚影响的寄存器。

**3. 安全监视总线**

SECMONOUT(安全监视)总线输出由处理器发出的一系列信号集。注意,必须确保 SECMONOUT 信号不危害处理器的安全。

SECMONOUTEN 引脚信号输入用于允许安全监视输出 SECMONOUT[86：0]。只有在复位时才采样 SECMONOUTEN 信号；其他功能化操作期间，任何对这个引脚状态的改变都被忽略。

以下伪代码是对 SECMONOUT[86：0]所用协议的描述。

```
if 复位时 SECMONOUTEN = 0 , then
    SECMONOUT[86:0] 保持原值
else if 复位时 SECMONOUTEN = 1, then
    if SECMONOUT[86] = 1, then
        有效 L1 数据地址给 SECMONOUT[59:40]
    else
        L1 数据地址无效
    if SECMONOUT[85] = 1, then
        有效异常数据给 SECMONOUT[64:60]
    else
        无效异常数据
    if SECMONOUT[82] = 1, then
        有效 pipeline 1 指令地址在 SECMONOUT[39:20]
        有效 pipeline 1 条件码未能在 SECMONOUT[84]
    else
        无效指令和条件码在 pipeline 1 中
    if SECMONOUT[81] = 1, then
        有效 pipeline 0 指令地址在 SECMONOUT[19:0]
        有效 pipeline 0 条件码未能在 SECMONOUT[83]
    else
        无效指令和条件码在 pipeline 0 中
```

对以下引脚，任何状态改变都被输出：

SECMONOUT[80]： 执行 DMB 或 DWB 指令
SECMONOUT[79]： 执行 IMB 指令
SECMONOUT[78]： 若设置为 1,则所有基本的指令 Cache 被允许；设置为 0 则禁止

## 2.8 系统控制协处理器

Cortex-A8 处理器没有外部协处理器接口，但它内部实现了两个协处理器：CP14 和 CP15。CP14 协处理器被称为调试协处理器，用于各种调试功能函数。CP15 协处理器被称为系统控制协处理器，用于控制 Cortex-A8 处理器的功能实现，并为其提供状态信息。本书不对这两个协处理器做详细介绍，仅在此处对系统控制协处理器功能做简要介绍。

在 Cortex-A8 处理器中，系统控制协处理器 CP15 并非一个独立物理块，其主要功能有：

- 整个系统的控制与配置。
- Cache 配置与管理。
- MMU 配置与管理。
- L2 Cache 的预加载引擎。
- 系统性能监测。

# 第 3 章
# Cortex – A8 存储管理模型

在 Cortex – A8 处理器中,内存管理单元 MMU 和 L1、L2 一起实现虚拟地址到物理地址的转换,MMU 还控制着外部存储器的读/写。MMU 的一个重要功能就是让每个任务程序都运行于其私有的虚拟内存空间中。因此,虚拟存储系统的一个关键功能就是地址重定位,也就是将处理器核发出的虚拟地址转换成主存储系统的物理地址,这个转换由 MMU 硬件完成。

在多任务嵌入式系统中,通常需要划分内存映射区域,并给这些区域分配权限和存储属性。在一些高级系统中通常需要运行复杂的 OS,例如 Linux、WinCE,这需要对存储系统有更强的控制,因此复杂 OS 一般都需要使用基于硬件的 MMU。

MMU 对任务或应用程序屏蔽了物理内存视图,这样可以简化应用程序设计,使得每个应用程序都使用相同的虚拟内存地址空间,而这些虚拟内存地址空间实际上分别映射到不同的实际物理内存空间上。也就是应用程序的编程、编辑和链接都是基于虚拟内存空间的,物理地址只是用于实际的硬件系统。在复杂 OS 中,就需要让 MMU 来实现这两种内存视图之间的转换。图 3-1 给出典型的虚拟内存视图和物理内存视图。本章将主要主要介绍虚拟存储系统和 MMU。

## 3.1 虚拟内存

MMU 采用页表(Page Table)方式实现地址转换,页表中包含的每个条项目都描述部分内存映射到物理地址之间的转换。页表项按照虚拟地址组织。除了描述虚拟页到物理页之间的转换,页表项还提供页的访问权限和存储属性。

处理器核产生的是虚拟地址,MMU 的本质是将虚拟地址的高位做替换,低位地址不变,从而得到物理地址。内存按页进行分配,高位地址是某个页的基地址,而低位则是页内偏移地址。ARM MMU 支持两级页表结构,L1 和 L2 页表。页表用于为指令预取、数据读/写提供地址转换和内存属性。

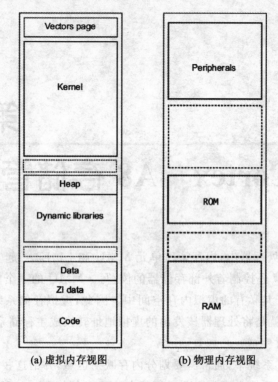

(a) 虚拟内存视图　　(b) 物理内存视图

图 3-1　虚拟内存视图与物理内存视图

## 3.1.1　一级页表 L1

下面介绍 ARM 处理器中如何使用 L1 页表(有时又被称为主页表)将虚拟地址转换为物理地址。首先要确定虚拟地址与页表项的关系。L1 页表将全部 4 GB 地址空间划分为 4 096 个 1 MB 的节；于是 L1 页表就包含了 4 096 项，每一项为 32 位，其内容为 L2 页表基址或某个 1 MB 节物理内存的基地址。

虚拟地址的高 12 位用于对页表中的相关项定位，也就是 4 096 个页表项的索引。L1 页表的基地址，也就是转换表基地址，存放在 CP15 的 C2(TTB)寄存器中，它必须是 16 KB 地址对齐的。

L1 页表项地址的生成过程如图 3-2 所示。例如，将 L1 页表放于 0x12300000(转换表基地址)处。处理器核发出虚拟地址 0x00100000，高 12 位[31：20]用于定义哪 1 MB 的虚拟地址被访问。对于 0x001，则应读页表项[1]，由于每一项为 4 个字节，该项在页表中的偏移 0x004，则该页表项的物理地址(第一级描述子地址)为 0x12300004。

如图 3-3 所示，L1 页表项的格式有 4 种：
- Fault 页表项，表示对应虚拟地址未被映射，访问该类型页表项将产生一个数据中止异常。
- Section 页表项，指向 1 MB 节的页表项。

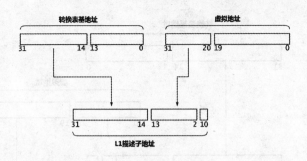

图3-2 L1页表项地址生成过程

- Page table 页表项，指向 L2 页表的页表项，这种情况是将 1 MB 的页分成更多的小页。
- Supersection 页表项，指向 16 MB 超级节的页表项，这是一种特殊的 1 MB 节页表项，它在页表要求 16 个相同的页表项。

页表项的最低两位[1:0]用于定义页表项的类型，其中指向 1 MB 节的页表项和指向 16 MB 节的页表项用[18]位进行区分。

图3-3 L1页表项格式

在 Section 和 Supersection 页表项中包含的就是虚拟地址转换成物理地址的页基地址，其他位则只是该页的属性。对于这种情况，MMU 再无需其他信息即可得到相应的物理地址了，如图3-4所示。

对于 Section 页表项对应 1 MB 的节，直接使用页表项的最高 12 位替代虚拟地址的最高 12 位即可得到对应的物理地址。

对于 Supersection 页表项对应 16 MB 的节，相应的物理地址和虚拟地址都必须是 16 MB 对齐。因为每个 L1 页表项描述 1 MB 的节，这就需要 16 个连续的、完全一样的列表项来描述一个超级节。

## 3.1.2 二级页表 L2

L2 页表中包含 256 个页表项，每个 32 位；L2 页表需要 1 KB 的空间，也必须按

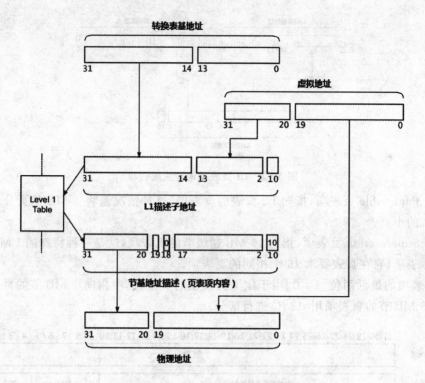

图 3-4 使用 L1 页表项得到物理地址

1 KB 对齐。每个 L2 页表项将 4 KB 的虚拟内存地址转换为物理地址。一个 L2 页表项可以给出一个 4 KB 或者 64 KB 页的基地址。

如图 3-5 所示,L2 页表项有 3 种格式:

■ Fault 页表项,访问 Fault 页将产生一个中止异常。
■ 大页表项,包含一个指向 64 KB 页的指针。
■ 小页表项,包含一个指向 4 KB 页的指针。

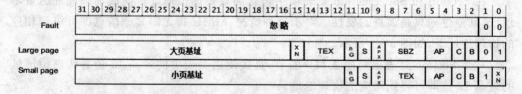

图 3-5 L2 页表项格式

与 L1 页表项一样,L2 页表项在给出物理地址的同时还给出该页的相关类型信息。TEX(类型扩展)、S(可共享)、AP、APX(访问许可)对应与 ARMv7 存储模型的属性。C 位、B 位与 TEX 位一起通过页表项控制内存系统的 Cache 策略。nG 位定义该页是全局的(可用于所有的进程)还是非全局的(仅用于某个进程)。

如图 3-6 所示,L2 页表项的物理地址由 L2 页表基址(由 L1 页表项给出)和虚拟地址的[19∶12]位共同给出。

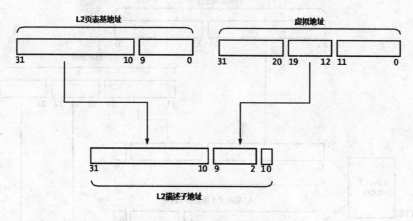

图 3-6　L2 页表项地址生成过程

图 3-7 给出使用 L1 和 L2 页表实现虚拟地址到物理地址转换的过程：使用虚拟地址的[31∶20]位和 CP15 TTB 寄存器给出的转换表基地址，得到对应的 L1 页表项的物理地址。该 L1 页表项内容指向一个 L2 页表，使用虚拟地址的[19∶12]位得到相应 L2 页表项的物理地址，该 L2 页表项内容的[31∶12]位和虚拟地址的[11∶0]位共同构成了虚拟地址对应的物理地址。

### 3.1.3　节或页尺寸的选择

如上节所述，节和页的尺寸可以有不同的选择，虽然这通常由操作系统来控制，但是节和页的尺寸选择是一个值得考虑的问题。

页尺寸较小有利于内存块的控制，也可以减少页内未使用内存空间。例如某个任务需要 7 KB 的数据空间，使用 2 个 4 KB 的页可满足，这比使用 64 KB 页或者 1 MB 的节更节省内存空间。另外，页尺寸较小还可提高存储属性的控制精度。

然而页尺寸较大也有一些好处，因为页尺寸越大，TLB 中每项所指向的内存空间就大，发生 TLB 命中的几率就更高，这对于访问外部慢速存储设备有利。因此，可使用 16MB 的超级节访问没有复杂映射关系的大块内存区。另外，由于每个 L2 页表需要占有 1KB 的内存空间，页尺寸越大页表也就越少，可以节省一部分内存空间。

## 3.2　页表缓存 TLB

按照二级页表的机制，处理器核发出一个内存访问请求，可能导致对 3 个内存单元的访问：对 L1 页表的访问、对 L2 页表的访问和对目的单元的访问。如果每页内存的访问都如此，则会大大降级系统的性能。

MMU 的另外一个部分 TLB（Translation Lookaside Buffer），是一个页转换的

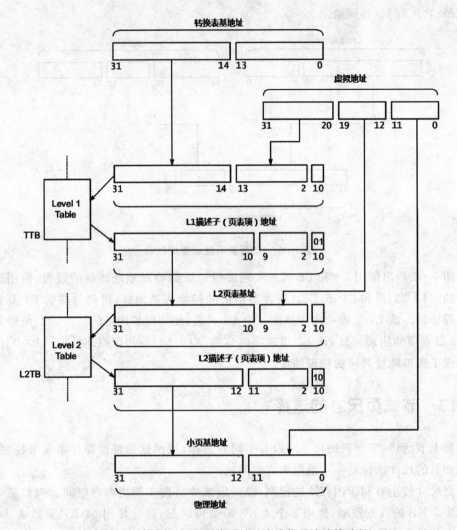

图 3-7 使用 L1、L2 页表项地址生成物理地址的过程

Cache,用于提高虚拟地址到物理地址转换的速度。当发生内存访问请求时,MMU 将首先检查 TLB 中是否有所访问页的地址转换信息,若有则 TLB 可以立即提供相应的物理地址;若无则发生一个 TLB 未命中,系统将会访问页表获得物理地址,新的转换信息将存放在 TLB 的 Cache 中以备重用。

不同 ARM 处理器的 TLB 结构有所不同,因此每种处理器的具体实现是有差别的。通常一个 TLB 系统有一个或多个 micro-TLB,它们与指令 Cache 和数据 Cache 紧密结合,当页表项的地址在 micro-TLB 中命中时,则无须再访问内存查找地址和耗费时间。但是 micro-TLB 只有很少的映射数量,典型的情况是指令 Cache 和数据 Cache 分别有 8 项。Micro-TLB 后面是一个大的主 TLB,如果在 micro-TLB 中未命中,而在主 TLB 中命中时,将会增加访问时间。

如图 3-8 所示,每个 TLB 项目中除了包含虚拟地址、物理地址之外,还包含存储类型、Cache 策略和访问许可等属性属性,以及一个可能的 ASID(地址空间 ID)。内存访问发生 TLB 未命中时,如果页表项有效,则对应的虚拟地址、物理地址及其他属性存入 TLB 的 Cache;如果页表项无效,则 TLB 不更新。ARM 体系结构要求 TLB Cache 中所保存的均为有效地址转换关系。

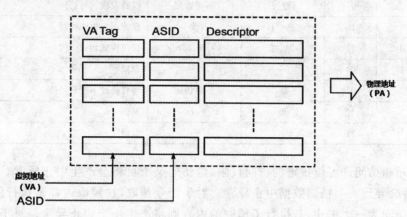

图 3-8 TLB 结构示意图

操作系统修改页表项可能导致 TLB 中包含陈旧的转换信息,因此 OS 应该对无效的 TLB 项做相应的操作。页表项发生变化后,TLB 中一些项内容变得陈旧或无效,那么某些指令预取和读数据操作必然会导致对页表的访问,此时将会替换掉 TLB 中的陈旧内容或无效项。协处理器 CP15 的几个操作,可以使 TLB 全局无效或移除某个指定的 TLB 项。Linux 内核中有一些函数可以使用这些 CP15 的操作,如 flush_tlb_all() 和 flush_tlb_range()。这些函数不是设备驱动或应用代码的典型需求。

某些 ARM 处理器还可以将个别项锁定在 TLB 中,这对于那些有严格相应时间要求的代码(例如中断服务程序)非常有用。但是 v7-A 结构处理器一般不会如此,因为严格时间要求不是其典型需求。

## 3.3 存储属性

L1、L2 页表除了完成虚拟地址到物理地址的转换之外,每个页表项还指定对应页的存储属性,包括访问许可、存储类型和 Cache 策略等。本节将对这存储属性分别做介绍。

### 3.3.1 访问许可

页的访问许可由页表项中的 AP 和 APX 位指定,具体含义如表 3-1 所列。

表 3-1　页访问许可位

| APX | AP | 特权模式 | 非特权模式 | 描　述 |
|---|---|---|---|---|
| 0 | 00 | 不可访问 | 不可访问 | 许可错误 |
| 0 | 01 | 读/写 | 不可访问 | 仅特权模式可访问 |
| 0 | 10 | 读/写 | 读 | 仅非用户模式可写 |
| 0 | 11 | 读/写 | 读/写 | 任何模式均可访问 |
| 1 | 00 | — | — | 保留 |
| 1 | 01 | 读 | 不可访问 | 特权模式下也只可读 |
| 1 | 10 | 读 | 读 | 只读 |
| 1 | 11 | — | — | 保留 |

如果超越访问许可位指定的访问权限,则访问某个页将会产生中止异常。对于数据访问,将会导致一个精确数据中止异常。对于指令预取,在预取内容未执行前,只是先标记该访问为一个中止,若执行了预取的内容则将产生一个中止异常。对于外部访问,则通常产生一个错误。

访问错误发生的地址以及原因都被存放在 CP15 的相关寄存器中。中止异常处理程序将做出相应的处理,例如修改页表并尝试重新访问页表或者终止程序。

另外,CP15:CTLR 寄存器中的 S(System)位和 R(ROM)位可以超越页表项中的访问许可。设置 S 位,将让所有不可访问页变为特权模式可读访问。设置 R 位,将让所有不可访问的页变为允许读访问。这些位可以提供对大块存储区域的访问控制,而不必去修改很多的页表项。此两位在 ARMv6 及其后的处理器中不建议使用。

## 3.3.2　存储属性

在 ARMv4 和 v5 体系结构的处理器中,允许用户通过配置是否可以 Cache 以及是否可以使用写缓冲来指定每页的存储访问特性。在 ARMv6 和 v7 体系结构中,处理器更加复杂,由于使用了多级 Cache、多处理器共享内存等技术,原有的简单内存属性管理方式变得无法适用,因此通过增加"存储属性"来满足相应的需求。

页表项中 TEX、C 和 B 位控制对应页的存储属性如表 3-2 所列。对于标准可高速缓冲的存储器,TEX 位域的最低 2 位用于提供外部存储器(例如 L2 或 L3)的 Cache 策略,而 C 和 B 位则给出内部存储器(L1 或作为内部 Cache 的存储器)的 Cache 策略。表 3-2 中的 5 位最多可以提供 32 种存储属性,但实际上不会有这么多种。用户可通过 CP15 的 c10 寄存器重映射 TEX、C 和 B 位的译码值,只需要用 TEX[0]、C 和 B 位指定存储属性,而 TEX[2:1]空出来留给 OS 使用。

表 3-2 页表项中的存储属性位

| TEX | C | B | 描述 | 存储属性 |
|---|---|---|---|---|
| 000 | 0 | 0 | 强制顺序 | 强顺序型 |
| 000 | 0 | 1 | 可共享设备 | 设备型 |
| 000 | 1 | 0 | 内部和外部存储器之间更新采用直写方式 | 标准型 |
| 000 | 1 | 1 | 内部和外部存储器之间更新采用回写方式 | 标准型 |
| 001 | 0 | 0 | 外部和内部存储器之间没有高速缓冲关系 | 标准型 |
| 001 | — | — | 保留 | — |
| 010 | 0 | 0 | 不可共享设备 | 设备型 |
| 010 | — | — | 保留 | — |
| 011 | — | — | 保留 | — |
| 1XX | Y | Y | 可高速缓冲存储器<br>XX = 外部策略　YY = 内部策略 | 标准型 |

## 3.3.3　域 ID

ARM 体系结构有一个与众不同的特征,可给每个存储区域设一个 4 位的域 ID (Domain ID)标签,如图 3-3 中的 Domain 位域。通过 16 个域 ID 和 CP15 c3 寄存器(域访问控制寄存器)提供的 2 位域访问允许位,可将每个区域标志为不可访问、管理员模式和客户模式。

对于不可访问区域,无论页是否许可,访问该区域将会产生一个异常。管理员模式的区域将会忽略所有的页许可权限,可以被完全访问。客户模式的区域将遵照相应的页许可权限。

在 ARMv7 体系结构中,弃用了域的使用,但是为了实现访问许可,还是需要为每个节指定域 ID,并确保在 CP15 c3 中将访问许可位设置为客户模式。

## 3.4　页表的使用

使用 Cortex-A8 处理器的系统一般都会有多个应用程序或者多个任务同时运行。每个任务在物理内存中都有它自己独有的页表。有些典型情况,许多内存系统已经被组织好了,虚拟地址到物理地址的映射关系是固定的,页表项从来都无须改变。这种情况通常用于包含操作系统代码、数据以及用于各任务的页表。

当启动一个应用程序时,操作系统将分配给该程序一组页表项,用于将该程序所使用的代码和数据映射到物理内存中。如果该应用程序还有其他映射需求,例如 malloc( ),操作系统内核可以随后修改这些页表项。

当一个任务完成或这个应用程序长时间不运行,操作系统内核会将相关页表项移除,以便用于其新的应用程序。通过这种方法,多个应用程序可以存在于同一个物理内存中。在进行任务切换时,内核会将页表项切换到下一个任务所对应的页。另外,任务从运行态进入休眠态时,其页表项也会得到完好的保护。也就是 MMU 不允许运行的任务去访问内核的代码和数据,也不允许访问其他任务的私有数据。

当一个页表项发生变化时,同一个虚拟地址将会转换为不同的物理内存单元。这可能会带来一些问题,ARM 体系结构采取了一些措施来缓解因此带来的影响。

### 3.4.1 地址空间 ID

在图 3-3 中可以看到页表项中有一个 nG(not Global)位。如果某页的 nG 位被设置为 1,则表示该页与某个特定的应用相关联,而非全局。这意味着,在 MMU 执行转换时需要同时使用虚拟地址和地址空间 ID(ASID)值。

ASID 是 OS 为每个任务所指定的编号,该值范围为 0~255,当前任务的 ASID 值被写在 ASID 寄存器中(通过 CP15 c13 访问)。当发生一个页表访问,而且 TLB 被更新、页表项被标识位非全局时,除普通转换信息之外,还需将 ASID 值存在 TLB 页表项中。

在后续的 TLB 查找中,只有当前 ASID 与存放在页表项中的 ASID 一致时才认为是页表匹配。这意味着可以有多个有效的 TLB 页表项指向同一个页(非全局),但它们的 ASID 值不同。这可以减少片上 TLB 刷新需求,显著减少软件上下文切换开销。ASID 值还是进程 ID 寄存器的一部分,该寄存器可以用于基于任务的调试。

例如有 3 个应用 A、B 和 C,每个都从虚拟地址 0 处开始运行。每个应用都在物理内存中划分了一个独立的地址空间。每个应用都有一个 ASID 值与之关联,这意味着在任何时候 TLB 中都可以有多个页表项指向虚拟地址 0 处,但只有一个与当前 ASID 相匹配的页表项可以被转换,而且该页表项还必须被标志为非全局的。

### 3.4.2 转换表基址寄存器 0 和 1

通过各自的页表来管理多个应用时,还有一个问题就是每个应用都需要一个 L1 页表的拷贝。每个 L1 页表的拷贝都是 16 KB。在这些页表中多数页表项都是相同的,典型的情况是每个任务在内存中只有一个专门的区域与之对应,而内核空间对于每个任务都是不变的。如果全局页表项需要修改,则每个页表拷贝中相应的页表项都需要被修改。

为了处理这一问题所带来的影响,可以使用附加转化表基址寄存器。在 CP15 中包含两个转换表基址寄存器 TTBR0 和 TTBR1。还有一个 TTB 控制寄存器可被编程设置为 0~7(下文中表示为 N),该值告诉 MMU 虚拟地址中有多少高位应该被检查,以决定使用哪个 TTB 寄存器。

当 N 为 0（默认）时，所有的虚拟地址都使用 TTBR0 进行映射。当 N 为 1~7 时，硬件将查看虚拟地址的最高位；如果最高 N 位都为 0 则使用 TTBR0，否则使用 TTBR1。

例如，若 N 设置为 7，则内存中最低 32 MB 地址都会使用 TTBR0，而其他地址则使用 TTBR1。这意味着由 TTBR0 指定的应用程序专用页表只包含 32 个页表项（128 字节）。由 TTBR1 指定的页表用于全局映射，只需要维护一个页表。

当使用这些功能之后，操作系统进行上下文切换时则需要使用 CP15 指令修改 TTBR0 和 ASID 的值。然而，这是两个独立的、非原子的操作；当一个寄存器使用新值而另一个寄存器使用旧值时，需要特别注意预测访问可能带来的问题。操作系统程序员在使用这些功能时，最好按照 ARM 推荐的操作顺序来执行。相关操作顺序可参考 Cortex A 系列处理器编程手册。

## 3.5 存储顺序

在老的 ARM 体系结构中（例如 ARM7TDMI），所有指令都是按编程顺序执行，每条指令都是在前一条指令执行完之后才开始执行的。在新的 ARM 体系结构中，处理器的执行速度显著超过对存储空间的访问速度。尽管使用 Cache 和写缓存来弥补两者之间的速度差异，但差异还明显的。因此带来的一个潜在影响就是存储访问的重排序问题，处理器中 Load 指令和 Store 指令的执行顺序不必与处理器访问存储空间的顺序一致。

ARM 体系结构定义 3 种存储顺序模型，所有内存地址区域都被配置为以下三种存储顺序之一：
- 强顺序型；
- 设备型；
- 普通型。

另外，对于普通型和设备型内存，还可以指定其是否可共享，也就是是否可以被其他处理器访问。

### 3.5.1 强顺序型和设备型

强顺序型和设备型内存有着基本相同的存储排序模型，它们都遵从以下访问规则：
- 访问的序号和尺寸都是被保护的，所有的访问都是原子类型的，不能被中断。
- 同时进行读操作和写操作会带来不良的副作用。访问不能采用 Cache 方式，也不能使用预测访问方式。
- 所有的访问必须是对齐的。
- 强顺序型内存和设备型内存地址空间，可以保证指令的编程顺序与访问存储设备的顺序一致。这个保证只局限于同一个外设的地址空间之内或同一个内存块之内,内存块的大小是可以定义,最小为 1 KB。
- 在 ARMv7 体系结构中,处理器对强顺序型和设备型内存空间的访问不能重排序。

设备型和强顺序型的差别在于:
- 对于强顺序型内存空间,只有在写信号到达外设或存储单元时,处理器写操作才能完成。
- 对于设备型内存空间,在写信号没有到达外设或存储单元写操作时,处理器可以完成写操作。

通常情况下,处理器系统外设的地址空间均被设置为设备型。

## 3.5.2 普通型

多数内存地址空间都是普通型,所有 ROM 和 RAM 设备通常都认为是普通型。处理器执行的所有代码都必须在普通型的内存中,而不能在强顺序型内存空间或设备型内存空间中。

普通型内存空间的特性如下:
- 处理器可进行重复读操作访问和多个写操作访问。
- 处理器可进行预取操作或预测访问其他内存地址,而不带来不良的副作用(如果 MMU 允许)。不过,处理器不能执行预测写访问操作。
- 允许非对齐访问。
- 允许处理器硬件将多个对小地址空间访问合并为一个对大地址空间的访问。例如,可以将几个字节写操作合并为一个双字写操作。

普通型内存地址空间是可以进行 Cache 的,对于 ARMv7 体系结构可以使用内部和外部两级 Cache。Cache 的级数及大小可以根据半导体厂商的需求来具体实现。

普通型内存空间也必须指定是否可以共享的特性。不可共享的普通型内存空间只能被主控制处理器访问,不能被协处理器访问。如果其他协处理器需要访问不可共享的普通型内存空间,则需要通过软件来实现,并要保持其内容的一致性。可共享的普通型内存空间既可以被主控制处理器访问,也可以被协处理器访问。这种情况下,该区域数据的一致性以及各处理器 Cache 的一致性都无需程序员来维护。

## 3.5.3 存储隔离

ARM 体系结构提供了一组存储隔离指令,其作用是将隔离指令之前和之后的内存操作隔离开。在编译命令中也有存储隔离的概念,其作用是禁止编译器为优化性能而修改了内存访问指令的顺序。在 GCC 中,其语法是:asm volatile("" ::: "memory")。在 ARM 的编译工具链 RVCT 中,也提供了一个类似的内部函数 __schedule_barrier()。

## 第 3 章 Cortex – A8 存储管理模型

这里所说的存储隔离是指通过汇编语言指令明确地将指令前后的存储访问隔离开来。因为处理器为优化性能,在硬件上提供的 Cache 技术、写缓冲技术、乱序执行技术,都可能导致执行代码的顺序与指令的存放顺序不一致。这种不一致对于程序员而言是不可见的,一般情况下也是不关心的。但是在某些情况时,程序需要保证数据操作的顺序性和同步性,例如某些设备驱动程序。

ARM 体系结构在 ARM 和 Thumb 指令集中都提供了存储隔离指令,强制处理器等待直至内存访问结束。3 个存储隔离指令分别为:

- DSB,数据同步隔离指令。该指令强制处理器等待,直到所有挂起的数据访问都完成之后,才能继续执行隔离指令后续的指令。该指令不影响指令预取操作。
- DMB,数据存储隔离指令。该指令可以确保 DMB 指令之后的、显式存储访问之前的所有可以被系统观测到的存储操作都按照指令存放顺序来操作。
- ISB,指令同步隔离指令。该指令将清空流水线和处理器的预取缓存,ISB 指令之后的指令都需要重新从内存或 Cache 中预取。这样可以保证 ISB 指令前后的指令不会相互影响。

使用存储隔离指令还可以协调不同处理器对同一共享内存的访问,可以避免不同处理器之间的指令死锁。相关内容的详细介绍可查阅 Cortex – A 系列处理器编程手册。

# 第 4 章

# 时钟、复位与功耗管理

本章将对 Cortex-A8 处理器内核的一些基本配置做介绍,包括时钟系统、复位系统以及动态和静态功耗控制。

## 4.1 Cortex-A8 处理器时钟系统

### 4.1.1 主要时钟域

Cortex-A8 处理器时钟系统有 3 个主要的时钟域:
- CLK,高速内核时钟。用作处理器所有主要接口的时钟。Cortex A8 处理器只使用 CLK 的上升沿。CLK 控制处理器内的下列单元:
  - 取指令单元;
  - 指令译码单元;
  - 指令执行单元;
  - 加载/存储单元;
  - L2 高速缓存单元,包括 AXI 接口;
  - NENO 单元;
  - ETM 单元,不包括 ATB 接口;
  - 调试逻辑,不包括 APB 接口。

取指令单元、指令译码单元、指令执行单元、加载/存储单元和 L2 高速缓存都属于处理器内核。
- PCLK,APB 时钟。控制处理器的调试接口。PCLK 与 CLK、ATCLK 异步。PCLK 控制调试接口以及 PCLK 时钟域的逻辑电路。
- ATCLK,ATB 时钟。控制处理器的 ATB 接口。ATCLK 与 CLK、PCLK 异步。

注意,在实现 PCLK 和 ATCLK 时,可以令其与 CLK 同步,也可以令其与 CLK 异步。

## 4.1.2 AXI 接口时钟 ACLK

Cortex A8 处理器包含一个独立的同步 AXI 接口。AXI 接口的时钟是通过对 CLK 时钟进行门控获得的,门控信号是 ACLKEN。AXI 接口时钟可以比处理器时钟 CLK 慢整数倍,也可以和 CLK 同样速度。图 4-1 为 ACLK 比 CLK 慢 4 倍的例子,ACLKEN 信号在 ACLK 上升沿的两个 CLK 周期之前有效,保持 ACLK 和 ACLKEN 的时间关系是很重要的。

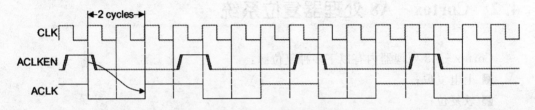

图 4-1 ACLK、CLK 和 ACLKEN 的时序关系

## 4.1.3 调试时钟

处理器内所有调试逻辑电路的时钟均为 PCLK 时钟(APB 总线时钟)的整数倍,内部 PCLK 时钟通过 PCLKEN 信号来调整频率。图 4-2 为时序图,就是通过 PCLKEN 信号将内部 PCLK 时钟的频率由 APB 总线时钟的 1/4 倍调整到 1 倍的过程。若不使用 PCLKEN,则必须将它设置为高电平,也就是所有调试逻辑电路均由 PCLK 直接提供时钟。

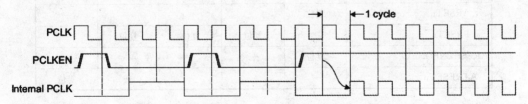

图 4-2 PCLK、内部 PCLK 和 PCLKEN 的时序关系

## 4.1.4 ATB 时钟 ATCLK

处理器内所有 ATB 总线上逻辑电路的时钟均为 ATCLK 时钟(ATB 总线时钟)的整数倍,内部 ATCLK 时钟通过 ATCLKEN 信号来调整频率。图 4-3 为时序图,就是

通过 ATCLKEN 信号将内部 ATCLK 时钟的频率由 ATB 总线时钟的 1/4 倍调整到 1 倍的过程。若不使用 ATCLKEN,则必须将它设置为高电平,也就是所有 ATB 总线上逻辑电路均由 ATCLK 直接提供时钟。

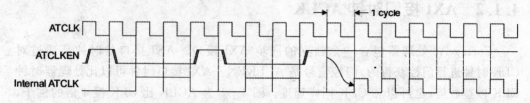

图 4-3　ATCLK、内部 ATCLK 和 ATCLKEN 的时序关系

## 4.2　Cortex-A8 处理器复位系统

Cortex-A8 处理器内有以下多种复位源:
- 上电复位;
- 软复位;
- APB 和 ATB 复位;
- 硬件 RAM 阵列复位;
- 存储器阵列复位。

所有的复位都是低电平输入有效,每次复位可以影响一个或多个时钟域。表 4-1 为各种不同的复位信号以及这些复位所控制的处理器区域。

表 4-1　Cortex-A8 处理器复位源

| 复位信号<br>处理器区域 | 内核<br>(CLK) | NEON<br>(CLK) | TM<br>(CLK) | 调试<br>(CLK) | APB<br>(PCLK) | ATB<br>(ATCLK) |
|---|---|---|---|---|---|---|
| nPORESET | 复位 | 复位 | 复位 | 复位 | — | — |
| ARSETn | 复位 | 复位 | — | — | — | — |
| PRSETn | — | — | 复位 | 复位 | 复位 | — |
| ARESETNEONn | — | 复位 | — | — | — | — |
| ATRESETn | — | — | — | — | — | 复位 |

### 4.2.1　上电复位

电源上电复位序列对处理器而言是非常关键的,因为当复位时序结束时,所有时钟域的电路都必须处于一个良好的状态。Cortex-A8 处理器的上电复位时序如图 4-4 所示。

在图 4-4 所示上电复位序列中,有 3 个重要的方面:

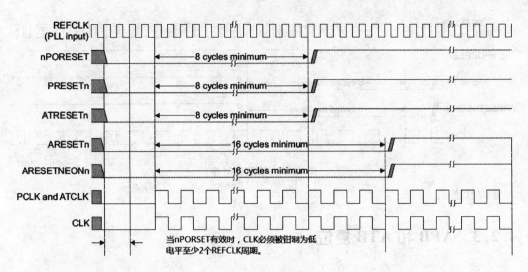

图 4-4 上电复位时序

- 在上电复位时，CLK 必须保持低电平至少两个 REFCLK 的时钟周期，以保证处理器内的组件处于安全状态。
- nPORESET、PRESETn 和 ATRESETn 复位信号，必须保持有效 8 个 CLK 周期，以确保复位信号传播到处理器内的所有位置。
- nPORESET 信号和 PRESETn 信号失效之后，ARESET 和 ARESETNEONn 复位信号还必须再保持 8 个 CLK 周期，以保证这些区域安全退出复位。

需要注意：

- 在上电复位时 PCLK 时钟域和 ATCLK 时钟域也必须复位，以保证这些时钟域与 CLK 时钟域之间的接口能正常复位。在 nPORESET 信号失效之后，PRESETn 信号和 ATRESETn 信号必须同时失效。
- 在图 4-4 中，PRESETn 信号必须持续有效至少 8 个周期。由于 PCLK 是异步时钟域，可能比 CLK 运行得或快或慢，因此这里的周期是取 CLK 和 PCLK 中大的一个。

## 4.2.2 软复位

软复位序列是用来跟踪（配合 ETM）或调试的复位事件。只需 ARESETn 信号和 ARESETNEONn 信号有效，由 nPORESET 信号控制复位区域，ETM 单元和调试单元不复位。因此，在软复位时断点和监视点被保留。软复位时序如图 4-5 所示。

在处理器软复位时，要提供一个额外的复位信号来单独控制 NEON 单元复位。此复位能够使 NEON 单元保持在复位状态，从而保证在不同状态下 NEON 单元的电源可被安全地移除。此复位信号时序对 ARESETNEONn 信号的要求与 ARESETn 相同，ARESETNEONn 信号必须保持为低电平至少 8 个周期，以保证 NEON 单元已进

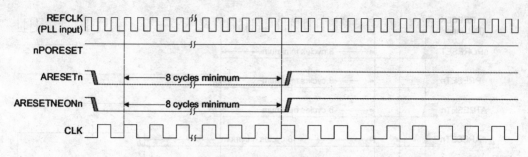

图 4-5 软复位时序

入复位状态。

## 4.2.3 APB 和 ATB 复位

PRESETn 信号是用来复位处理器内的调试硬件,以及 CLK 时钟域的 ETM 单元。ATRESETn 信号用来复位 ATB 接口和交叉触发接口(CTI)。为了安全复位调试硬件、ATB 和 CTI 域,PRESETn 信号和 ATRESETn 信号必须保持低电平至少 8 个周期,这里的周期取 CLK、PCLK 和 ATCLK 中周期最大的一个。图 4-6 为 APB 和 ATB 复位时序。

注意,PRESETn 和 ATRESETn 为低电平时,必须是同时的。

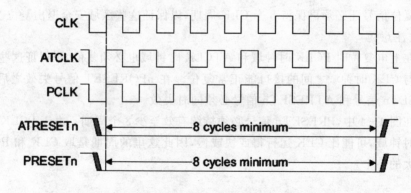

图 4-6 APB 和 ATB 复位时序

## 4.2.4 硬件 RAM 阵列复位

在上电复位或软复位时,处理器默认清除 L1 数据 Cache 和 L2 Cache 的有效位。根据 L2 高速缓存的大小,可能占用复位信号上升沿之后的 1 024 个周期。L1 数据 Cache 复位则可能占用 512 个周期,与 L1 指令 Cache 复位一致。在 L1 Cache 复位后,处理器才能开始执行。L2 硬件复位发生在后台,不会影响复位代码。在硬件复位完成之前,任何企图允许 L2 Cache 或维护 L2 Cache 的操作,都会导致处理器停止。

## 第4章 时钟、复位与功耗管理

处理器有两个引脚 L1RSTDISABLEL 和 2RSTDISABLE，用来控制硬件复位过程。硬件复位引脚使用模式如下：

1）对于在整个内核掉电时序中不保留 L1 数据 Cache 和 L2 Cache 缓存 RAM 内容的应用程序，每次复位时，使用 ARESETn 或 nPORESET 信号来硬件复位 L1 数据 Cache 和 L2Cache。L1RSTDISABLE 和 L2RSTDISABLE 都必须被置于低电平。这是推荐使用的模式。

2）对于在整个内核掉电时序中要保留 L1 数据 Cache 和 L2 Cache RAM 内容的应用程序，硬件在复位期间必须控制 L1RSTDISABLE 和 L2RSTDISABLE 信号。当系统首次供电时，硬件复位信号 L1RSTDISABLE 和 L2RSTDISABLE 必须被置低，直到使用硬件复位机制使得 L1 数据 Cache 和 L2 Cache RAM 的内容失效。如果要在复位序列中保持 L1 数据 Cache 或 L2 Cache 中的数据，那么相应的硬件复位禁止信号必须被置高。

3）如果硬件阵列复位机制不被使用，那么 L1RSTDISABLE 和 L2RSTDISABLE 引脚必须都被置高。

在 ARESETn 和 nPORESET 信号失效边沿的之前和之后，L1RSTDISABLE 和 L2RSTDISABLE 引脚都必须保持有效至少 16 个周期。

### 4.2.5 存储器阵列复位

在处理器复位期间，下列存储器阵列是无效的：
- 分支预测阵列（BTB 和 GHB）。
- L1 指令和数据 TLB。
- 当 L1RSTDISABLE 被置低时，L1 数据 Cache 的有效 RAM。
- 当 L2RSTDISABLE 被置低时，L2 Cache 的有效 RAM。

## 4.3 Cortex-A8 处理器功耗控制

在 Cortex-A8 处理器功耗管理方面，时钟系统与复位系统都十分重要，通过它们可以对处理器内部某些部件的断电或供电进行独立控制。它们还提供了许多关键的控制机制来管理动态功耗。本节将对处理器的动态功耗管理机制和静态功耗管理机制做介绍。

### 4.3.1 动态功耗管理

Cortex-A8 处理器有很多不同的动态功耗管理部件。最常见的动态功耗管理形式，是通过内部的时钟网络来控制功耗。处理器有 3 个时钟门控等级，其对应功能如下：

■ 等级 1，此为整体结构门控，又称等待中断（WFI），或 Cortex – A8 处理器的 CLKSTOPREQ 和 CLKSTOPACK 信号。
■ 等级 2，此为主要功能门控，如 NEON 部件、ETM 部件或整数核部件门控。
■ 等级 3，此为工作单元门控，如本地时钟门控。

处理器包含实现整体结构门控、单元门控和和本地时钟门控所需的所有硬件，无需其他外部硬件。

### 1. WFI 整体结构时钟门控

执行 WFI 指令之后，处理器将进入低功耗状态直到：
■ 发生 IRQ 或者 FIQ 中断；
■ 当 DBGNOCLKSTOP 信号为高时，发生一个挂起调试事件。

当执行 WFI 指令时，处理器需等待如下事件完成后，才能进入空闲或低功耗状态：
■ L1 数据 Cache 的加载和存储完成。
■ L1 指令 Cache 的取指令已完成。
■ 所有 L2 Cache 的处理已完成。
■ 所有 AXI 接口的处理已完成。
■ 所有的高级 SIMD 指令已完成。
■ 所有从内核时钟域到 ATB 时钟域的 ETM 数据传输均完成。
■ L2 的预加载引擎（PLE）的活动被中断。

一旦在进入低功耗状态，处理器将拉低 STANDBYWFI 信号，以保证处理器和 AXI 接口处于空闲状态。此时，APB 的 PCLK 时钟域和 ATB 的 ATCLK 时钟域将仍保持活动状态。

### 2. 硬件整体结构时钟门控

另外一种整体结构门控方式是由处理器 CLKSTOPREQ 输入控制。拉低 CLKSTOPREQ 引脚将使处理器进入低功耗状态，直到 CLKSTOPREQ 被拉高。图 4 – 7 为 CLKSTOPREQ 和 CLKSTOPACK 的关系。

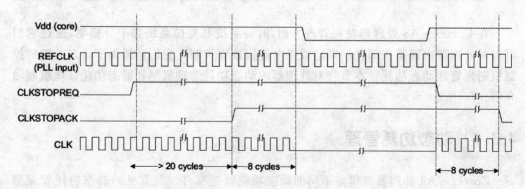

图 4 – 7 CLKSTOPREQ 和 CLKSTOPACK 的关系

# 第4章 时钟、复位与功耗管理

当系统发出 CLKSTOPREQ 信号之后,处理器进入低功耗状态之前,需要等待完成的事件与 WFI 一样。进入低功耗状态后,处理器将使 CLKSTOPACK 输出有效,以保证处理器和 AXI 接口处于空闲状态。此时,APB PCLK 域和 ATB ATCLK 时钟域保持活跃。

CLKSTOPREQ 信号和 CLKSTOPACK 信号有效之间的周期数的下限为 20 个周期,没有上限;上限是访问映射到 AXI 总线上最慢设备的延迟时间,是依赖于系统的。在处理器将 CLKSTOPACK 置为有效后,将关闭整体结构的时钟门控。但是,在整体结构时钟门控被完全关闭前,需等 8 个 CLK 周期。

如图 4-7 所示,在关闭整体结构时钟门控后,系统将停止 CLK;这样可以节省更多的功耗,但它是可选的。此外如图 4-7 所示,供电电压 Vdd() 也可以降低,以节约能源。但是,在整体结构时钟门控关闭前,CLK 不能停止,在 CLKSTOPACK 被拉低后,它仍需要运行至少 8 个周期。

在整体结构时钟门控关闭后,系统将 CLKSTOPREQ 置为高电平,以能够将处理器保持在低功耗状态下。若系统让 CLKSTOPREQ 失效,则会导致整体结构时钟门控被打开;然后处理器将拉高 CLKSTOPACK 响应之,并恢复指令执行。CLKSTOPREQ 信号失效和 CLKSTOPACK 信号失效之间的 CLK 周期数的上限是 8。

在驱动 CLKSTOPREQ 信号时,系统必须遵守协议规则的设置,否则处理器的行为时不可预测的。规则如下:

- 如果 CLKSTOPACK 已处于高电平,CLKSTOPREQ 不能从低过渡到高电平。
- 当 CLKSTOPREQ 处于高电平时,它必须保持为高电平,直到 CLKSTOPACK 变为高电平。只有当 CLKSTOPACK 为高电平时,CLKSTOPREQ 才能变为低电平。

### 3. NEON 或 ETM 单元级时钟门控

Cortex-A8 处理器还支持处理器内部主要部件的时钟门控,比如 NEON 单元、VFP 协处理器和 ETM 模块。

CP15 c1 协处理器访问控制寄存器中的 CP10 和 CP11 位域可控制对 NEON 单元和 VFP 协处理器的访问。复位时 CP10 和 CP11 位域将被清零,如果在流水线中没有 NEON 单元或 VFP 指令,则相应的时钟被禁止以便降低功耗。

可以将浮点异常寄存器 FPEXC 的允许位置为 0,以禁用 NEON 单元和 VFP 协处理器。

ETM 控制寄存器可以允许或禁止 ETM。CTI 控制寄存器 CTICONTROL 中的全局允许位可以用来允许 ETM 时钟,但不包括 ATB 时钟 ATCLK。

### 4. DFF 时钟门控

Cortex-A8 处理器最小粒度的动态功耗控制是延迟触发器(DFF)级别的时钟门控。这是隐式的设计,无需外部的支持。

## 4.3.2 静态功耗管理或漏电功耗管理

Cortex-A8处理器提供了多种不同等级的静态或漏电功耗管理,这些技术都是根据处理器定制的。处理器可以采用的静态或漏电功耗管理技术有:
- 完全保留控制。
- 供电域,或独立单元控制,例如整数核、ETM单元、调试单元、L2RAM和NEON单元独立控制。
- 使用多种电压,例如高电压、标准电压或低电压。

如果要完全消除漏电功耗,必须完全关闭处理器电源。在断电之前,必须将处理器的所有状态保存到内存中,L1数据Cache或L2 Cache必须清空。当处理器上电时,必须使用一个完整的软件复位时序,以恢复处理器的所有状态。因此,完全关闭处理器的时序需要大量的时间和能量。为了提高关电时序的响应时间,Cortex-A8处理器具有以下几种特性,以减少响应时间和降低漏电功耗:
- 当处理器其他部分是激活状态时,允许将调试单元、ETM和NEON单元断电。
- 在处理器其他部分断电时,L1数据Cache或L2 Cache可以保持原状态。这可以免除断电前清除Cache缓存的时间消耗和能量消耗。
- 在处理器其他部分断电时,调试逻辑可保持有电,这使得处理器断电时仍能继续进行调试。处理器断电时,所有处理器资源中断电的部分对调试器都无效。因此,调试逻辑会将处理器断电作为一个错误信息传递给调试器。

该处理器支持多种供电区域组合方式,也可以采用单一电网供电,即只有一个供电域。如图4-8所示,可以控制的供电区域有:
- NEON单元。
- 所有调试PCLK逻辑,ETM CLK逻辑和ETM ATCLK逻辑。
- L2 Cache。
- L1数据Cache。
- 处理器内除了上述供电域之外其他逻辑单元,剩下的也就是整数核。

在具体实现不同的供电域时,可以采用以下各种操作模式:
- 整数核运行模式:
  - 所有逻辑单元供电并运行。
  - NEON单元断电,其他逻辑单元供电并运行。此模式可在不需要NEON单元时,最大限度的减少NEON单元的漏电功耗。
  - 调试PCLK、ETM CLK和ETM ATCLK断电,其他所有逻辑单元供电并运行。此模式可在不需要调试和跟踪设备时,最大限度地减小调试和跟踪设备的漏电供电。
  - NEON单元、调试PCLK、ETM ATCLK和ETM CLK断电,其他所有逻辑单元供电并运行。

# 第 4 章 时钟、复位与功耗管理

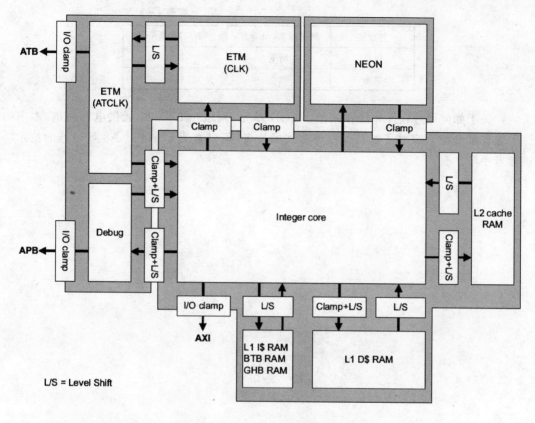

图 4-8 Cortex-A8 处理器供电域

- 整数核和 NEON 断电模式：
  - L1 数据 Cache 或 L2 Cache 供电，此模式能将数据保存在 L1 数据 Cache 或 L2 Cache 中。此模式能大大减少处理器断电所需要的消耗时间和能量。
  - 调试 PCLK、ETM CLK 和 ETM ATCLK 供电。此模式使调试和跟踪外部接口保持激活，以便调试器能检测到处理器断电。
  - L1 数据 Cache 或 L2 Cache、调试 PCLK、ETM ATCLK 和 ETM CLK 断电。

如果所有供电域都实现并都能独立控制，则理论上可以八种供电组合方式，但实际上只有一部分组合是有效的，如表 4-2 所列。

表 4-2 有效的供电域组合方式

| 整数核 | 调试和 ETM 单元 | NEON 单元 |
| --- | --- | --- |
| 断电 | 断电 | 断电 |
| 断电 | 供电 | 断电 |
| 供电 | 断电 | 断电 |
| 供电 | 供电 | 断电 |

续表 4-2

| 整数核 | 调试和 ETM 单元 | NEON 单元 |
|---|---|---|
| 供电 | 断电 | 供电 |
| 供电 | 供电 | 供电 |

关于如何通过软件和硬件来给 NEON 单元、调试和 ETM 单元供电和断电，本书不做详细介绍。需要了解具体操作方式的读者，可以查阅 Cortex-A8 处理器的技术参考手册。

# 第 5 章

# AM37x/DM37x 处理器基础

本章将先详细介绍 AM37x/DM37x 处理器的最基本模块：电源、复位和时钟控制模块 PRCM，然后再介绍 AM37x/DM37x 处理器中 MPU 子系统、互联器子系统、中断控制器，以便读者对该处理器有一个初步的认识。

## 5.1 电源复位时钟管理模块 PRCM

在 AM37x/DM37x 处理器中，由 PRCM 模块实现电源管理、复位管理和时钟管理功能。PRCM 模块通过电源控制信号，与处理器所有的电源、时钟和复位模块连接。它可根据应用程序和性能的需要，动态自适应地调整功耗。另外，PRCM 还可以大量减少漏电流。

注意，PRCM 实现的是 AM37x/DM37x 处理器的电源、复位和时钟管理，而第 4 章介绍的是 Cortex-A8 处理器核的时钟、复位和功耗管理。

本节将介绍 PRCM 模块的特点和功能，对于其编程模型本书不做介绍，相关寄存器可查阅 AM37x/DM37x 处理器技术参考手册。

PRCM 模块可以通过 L4 互联接口来配置，其由两个主要部分组成：
- 功耗复位管理器（PRM）：管理电源、复位、唤醒以及系统时钟源（晶振）。
- 时钟管理器（CM）：负责时钟的产生、分配和管理。

### 5.1.1 PRCM 的特点与结构

PRCM 模块的内部结构如图 5-1 所示，其功能特点如下：
- 管理 18 个独立的电源控制域，16 个电压控制域。
- 控制两个可调电压模式和 3 个可记忆选择的电压模式。
- 处理空闲/唤醒处理过程。
- 允许软件和部分硬件控制。

- 监测和处理唤醒事件。
- 控制系统时钟/复位输入源头。
- 细粒度地管理和分配时钟及复位信号。
- 处理上电时序。
- 配合调试和仿真功能。
- 通过专用高速 $I^2C$ 接口控制外部供电稳压。
- 若由保持触发器(RFF)实现时钟管理器(CM),则支持动态功耗技术(DPS)。

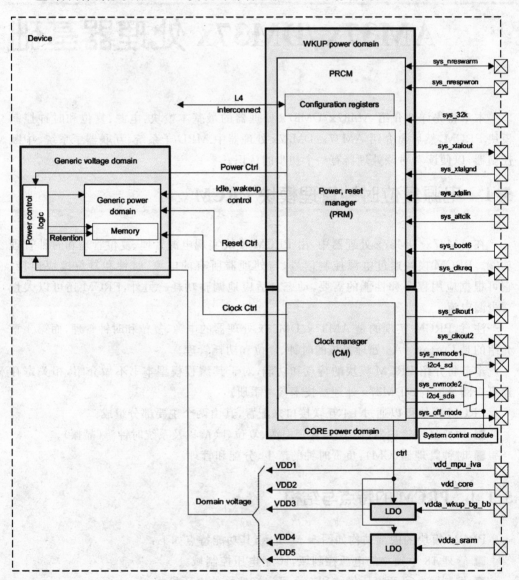

图 5-1　PRCM 模块的内部结构图

PRCM 模块与各种处理器外部的复位信号、时钟信号和电源信号接口,如图 5-2 所示。其中外部时钟信号如表 5-1 所列。复位信号如表 5-2 所列。电源信号如表 5-3 所列。

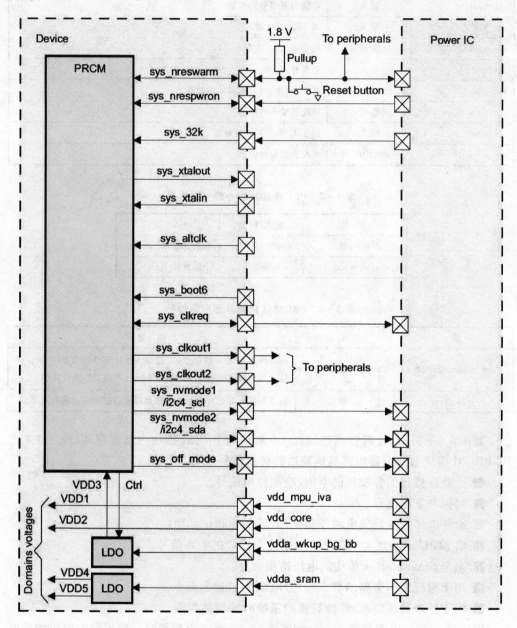

图 5-2 PRCM 所连接的处理器外部信号

表 5-1　PRCM 连接的外部时钟信号

| 信　号 | 输入/输出 | 描　述 |
| --- | --- | --- |
| sys_boot6 | 输入 | 启动振荡器模式控制 |
| sys_32k | 输入 | 32 kHz 时钟输入 |
| sys_xtalout | 输出 | 振荡输出 |
| sys_xtalin | 输入 | 晶振时钟 |
| sys_clkreq | 输入/输出 | 来至(或发往)处理器的时钟请求 |
| sys_clkout1 | 输出 | 可配置输出时钟 1 |
| sys_altclk | 输入 | 用于 USB 的可选时钟源 |
| sys_clkout2 | 输出 | 可配置输出时钟 2 |

表 5-2　PRCM 连接的外部复位信号

| 信　号 | 输入/输出 | 描　述 |
| --- | --- | --- |
| sys_nreswarm | 输入/输出 | 热启动复位 |
| sys_nrespwron | 输入 | 上电复位 |

表 5-3　PRCM 连接的外部电源信号

| 信　号 | 输入/输出 | 描　述 |
| --- | --- | --- |
| sys_nvmode2/i2c4_sda | 输出 | 给外部电源芯片的命令,以控制 VDD1 和 VDD2 的电压。该信号为 VMODE 接口和 SmartRdflex 专用 I²C 接口共享 |
| sys_off_mode | 输出 | 请求外部电源芯片根据处理器功耗状态切换处理器电压等级 |

如图 5-1 所示,处理器内核通过 L4 来访问 PRCM 模块内部寄存器;除了 L4 之外,PRCM 模块与处理器内部其他模块的接口信号还有:

■ 给处理器其他各模块的空闲/唤醒控制信号。
■ 时钟和复位信号。
■ 给各电源控制域的电源控制信号(开关型和记忆型)。
■ 给 MPU 子系统和 IVA2.2 子系统 INTC 的中断信号。
■ 来至 SmartReflex 模块的电压错误命令。
■ 用于重校准和旁路的数字锁相环(DPLL)控制命令。
■ 用于处理器级睡眠/唤醒转换的系统时钟振荡控制。

PRCM 控制的电源域有 18 个,如图 5-3 所示,各电源控制域所控制的模块如后面的表 5-6 所列,PRM 模块通过独立开关控制每个电源控制域。通过这种方法,可以根据应用程序的需求,将不需要使用的部分切换到保留态,而其他部分保持活动状态。

# 第 5 章 AM37x/DM37x 处理器基础

图 5-3 AM37x/DM37x 处理器的电源控制域

## 5.1.2 PRCM 的功能

**1. 复位功能**

PRCM 模块管理处理器内部所有模块的复位信号，可分别发送到 18 个独立的电源控制域，包括 DPLL 和 SmartReflex 模块。在每个电源控制域内中又定义了一个或多个复位域。每个复位域都有一个唯一的复位信号，这些复位信号由复位管理器组织，连接到处理器内的一个或多个模块。当某个复位信号有效时，对应复位域中的所有模块同时复位。分别独立控制这些复位域，可以实现各模块按规定次序复位，以确保整个电源控制域的安全复位。

复位可以由硬件产生，也可以由软件产生。通过 name_SYSCONFIG（name 为模块名称）配置寄存器中的软件复位位，可实现软件对某个模块的复位，软件复位对模块的影响与硬件复位相同。

复位信号可以按照复位范围分类、可以按照发生复位的时机分类，也可以按照复位源类型分类。

按照复位影响的范围，复位可以分为：
- 全局复位：整个处理器，所有模块全部复位。
- 局部复位：只影响一个电源控制域或者一个复位域。

按照发生复位的时机来分类，复位可以分成：
- 冷复位：仅发生在处理器上电时或某种仿真模式下。
- 热复位：发生在处理器处于正常操作状态。热复位可以是一个全局复位，但是通常热复位无需全部重新启动处理器，例如全局软件复位、看门狗复位等。

按照复位源类型分类，复位可以分为：
- 软件复位：通过 PRCM 模块配置寄存器中的某一位来触发。
- 硬件复位：通过 PRCM 内部或者外部的某个硬件模块的信号触发。

AM37x/DM37x 处理器的全局复位源如表 5-4 所列。在类型栏中：H 表示硬件复位、S 表示软件复位、C 表示冷复位、W 表示热复位。AM37x/DM37x 处理器的局部复位源如表 5-5 所列。

表 5-4 AM37x/DM37x 处理器的全局复位源

| 类型 | 名称 | 源/控制 | 描述 |
| --- | --- | --- | --- |
| H/C | sys_nrespwron | 输入引脚 | 处理器上电复位 |
| H/C | BAD_DEVICE_RST | PRCM | 上电时，读处理器 ID 出错有效 |
| H/W | sys_nreswarm | 双向引脚 | 外部硬件热复位 |
| H/W | MPU_WD_RST | WDTIMER2 | MPU 看门狗定时器溢出复位 |

续表 5-4

| 类型 | 名称 | 源/控制 | 描述 |
|---|---|---|---|
| H/W | GLOBAL_SW_RST | PRCM.PRM_RSTCTRL[1] RST_GS | 全局软件复位 |
| H/W | VDD1_VM_RST | PRCM | 在唤醒转换过程中若没有收到来自电源芯片的响应时,由电压管理FSM发出 |
| H/W | VDD2_VM_RST | PRCM | |
| H/W | DPLL3_SW_RST | PRCM.PRM_RSTCTRL[2] RST_DPLL3 | DPLL3的局部冷复位、全局冷复位 |

表 5-5 AM37x/DM37x 处理器的局部复位源

| 类型 | 名称 | 源/控制 | 描述 |
|---|---|---|---|
| H/C | CODE_DOM_RET_RST | PRCM | 仅用于将电源控制域从关闭态转换到活动态 |
| H/C | USB_DOM_RET_RST | PRCM | |
| H/C | PER_DOM_RET_RST | PRCM | |
| H/C | MPU_DOM_RST | PRCM | 用于将电源控制域从关闭态或保留态转换到活动态 |
| H/C | IVA2_DOM_RST | PRCM | |
| H/C | NEON_DOM_RST | PRCM | |
| H/C | SGX_DOM_RST | PRCM | |
| H/C | CORE_DOM_RST | PRCM | |
| H/C | PER_DOM_RST | PRCM | |
| H/C | CAM_DOM_RST | PRCM | |
| H/C | DSS_DOM_RST | PRCM | |
| H/C | DPLL1_DOM_RST | PRCM | |
| H/C | DPLL2_DOM_RST | PRCM | |
| H/C | DPLL3_DOM_RST | PRCM | |
| H/C | DPLL4_DOM_RST | PRCM | |
| H/C | DPLL5_DOM_RST | PRCM | |
| S/W | IVA2_SW_RST1 | PRCM.RM_RSTCTRL_IVA2[0] RST1_IVA2 | IVA2.2:DSP复位控制 |
| S/W | IVA2_SW_RST2 | PRCM.RM_RSTCTRL_IVA2[1] RST2_IVA2 | IVA2.2:MMU复位控制以及视频序列器硬件加速器复位控制 |
| S/W | IVA2_SW_RST3 | PRCM.RM_RSTCTRL_IVA2[2] RST3_IVA2 | 视频序列器复位控制 |

## 2. 功耗管理功能

为了有效减少 AM37x/DM37x 处理器的动态功耗和漏电功耗,处理器采用了以下功耗管理技术：
- 动态时钟门控技术。
- 动态电压及频率调整技术 DVFS。
- 动态电源切换技术 DPS。
- 待机漏电管理技术 SLM。

要实现这些功耗管理技术，需要软件控制和特殊硬件功能。其中硬件功能都是由 PRCM 中的 PRM 模块控制的，它们是：
- 将处理器划分为 18 个电源控制域。
- 将处理器划分为多个电压控制域，通过电平位移器来通信。
- 逻辑电路电源开关控制。
- 保持触发器控制。
- 存储器电源开关控制。
- 内置低压差稳压器控制。
- I/O 关闭模式控制。
- 电平位移器控制。
- 外部电源芯片控制。

18 个电源控制域以及每个控制域所控制的模块如表 5-6 所列。

表 5-6　电源控制域及每个控制域所控制的模块

| 电源控制域 | 模　块 | 电源控制域 | 模　块 |
|---|---|---|---|
| MPU | MPU core | DSS | 显示子系统 |
| | ICECrusher CS | | 视频 DAC |
| | MPU 同步桥（主设备） | CAM | 照相子系统 |
| NEON | NEON 协处理器 | PER | UART[3, 4] |
| IVA2.2 | IVA2.2 DSP | | WDTIMER3 |
| | IVA2 同步桥 1（主设备） | | McBSP[2..4] |
| | IVA2 同步桥 2（从设备） | | GPIO[2..6] |
| | 视频序列器（SEQ） | | GPTIMER[2..9] |
| SGX | SGX 子系统 | | L4-Per 内联 |
| CORE | GPMC | WKUP | GPIO1 |
| | USB TLL | | GPTIMER1 |
| | GPTIMER[10, 11] | | WDTIMER2 |
| | HDQ/1-Wire | | L4-Wake-up 内联 |
| | HS USB | USBHOST | HS USB 主机子系统 |
| | I2C[1, 2, 3] | EMU | CWT |
| | ICR | | DAP-APB |
| | IVA2.2 同步桥 1（从设备） | | ETB |
| | IVA2.2 同步桥 2（主设备） | | ICEPICK |

续表 5-6

| 电源控制域 | 模 块 | 电源控制域 | 模 块 |
|---|---|---|---|
| CORE | IVA2.2 WUGEN | EMU | TRACEPORT |
| | MAILBOXES | | L4－EMU 内联 |
| | McBSP[1, 5] | SMARTREFLEX | SmartReflex1 |
| | McSPI[1, 2, 3, 4] | | SmartReflex2 |
| | MMC/SD/SDIO[1, 2, 3] | EFUSE | eFuse farm |
| | MPU 同步桥(从设备) | DPLL1 | MPU DPLL |
| | MPU INTC | DPLL2 | IVA2.2 DPLL |
| | OCM_RAM | DPLL3 | CORE DPLL |
| | OCM_ROM | DPLL4 | 外设 DPLL1 |
| | SCM | DPLL5 | 外设 DPLL2 |
| | SDRC | | |
| | SMS | | |
| | L3 内部互联 | | |
| | UART[1, 2] | | |
| | SDMA | | |
| | 温度传感器(x2) | | |
| | L4－Core 内部互联 | | |

每个电源控制域都有 4 种不同的状态,如表 5-7 所列,这些状态由硬件定义,根据该域的时钟、存储器/逻辑电路电源开关的状态来转换。

表 5-7 电源控制域状态

| 电源状态 | 电源 | | 时 钟 |
|---|---|---|---|
| | 逻辑电路 | 存储器 | |
| 活动态(Active) | 开 | 开,保持或关 | 开(至少一个) |
| 非活动态(Inactive) | 开 | 开,保持或关 | 关(所有的时钟) |
| 保持态(CSWR) | 开 | 保持或关 | 关(所有的时钟) |
| 保持态(OSWR) | 关/RFF | | 关(所有的时钟) |
| 关闭态 | 关 | 关 | 关(所有的时钟) |

PRM 管理着每个电源控制域状态转换,控制域内的时钟、域、逻辑电路电源开关、存储器电源开关以及存储器的保持。状态之间的转换分两种:

■ 休眠:从高功耗状态(活动态)转换到低功耗状态(非活动态、保持态或关闭态)。
■ 唤醒:从低功耗状态(非活动态、保持态或关闭态)转换到高功耗状态(活动态)。

对于整个处理器而言,其功耗状态是所有电源控制域的组合。与各电源控制域状态不同,整个处理器的功耗状态不是由硬件定义的,而是由软件根据各电源控制域的状态来定义的。处理器的功耗状态有两种:

- 激活态：无论软件是否运行，至少有一个电源控制域处于活动态。
- 待机态：所有电源控制域均处于非活动态、保持态或关闭态。

### 3. 时钟管理功能

PRCM 模块为处理器的所有模块提供时钟源，控制着时钟的产生、分频、分配、同步和门控。其中处理器级的时钟是由一个内部振荡器（系统时钟振荡器）和 DPLL 产生，时钟分频和门控由 PRCM 的 PRM 模块和 CM 模块处理。图 5-4 为处理器内部时钟分配。

PRCM 模块发出两类时钟信号：

- 接口时钟：此类时钟用于确保处理器内任何模块和子系统之间（L3 或 L4 级的）的内联可以正确通信，多数情况下，接口时钟提供各模块接口及寄存器的时钟，对于很多模块而言，接口时钟也同时是功能时钟。
- 功能时钟：为模块或子系统的功能部分提供时钟。在某些情况下，一个模块或子系统需要多个功能时钟。

当一个模块处于激活运行状态时，其功能时钟必须处于有效状态；但如果不与其他模块通信，则其接口时钟可以关闭。

在图 5-4 中，与处理器外部连接的时钟 I/O 引脚如表 5-8 所列。

表 5-8 外部时钟 I/O

| 名 称 | 输入/输出 | 源/目的 | 描 述 |
| --- | --- | --- | --- |
| sys_xtalin | 输入 | 振荡器 | 主输入使用，晶振时钟或 CMOS 数字时钟 |
| sys_xtalout | 输出 | 振荡器 | 振荡器输出 |
| sys_clkout1 | 输出 | PRCM | 可配置输出时钟 1 |
| sys_clkout2 | 输出 | PRCM | 可配置输出时钟 2 |
| sys_32k | 输入 | PRCM | 32 kHz 时钟输入 |
| sys_altclk | 输入 | PRCM | 用于 UART 或 NTSC/PAL 的可选择时钟源 |

处理器内部时钟都源于 PRM、CM 和 DPLL，产生的内部时钟源如表 5-9 所列。

表 5-9 外部时钟 I/O

| 时 钟 | 外部/内部源 | 时钟发生器 | 描 述 |
| --- | --- | --- | --- |
| 32K_FCLK | sys_32k(输入引脚) | PRM | 系统时钟，是处理器的基本时钟。也是 PRM 的功能时钟和接口时钟 |
| SYS_CLK | 振荡器 | PRM | DSS TV 时钟 |
| DSS_TV_CLK | DPLL4/sys_altclk(输入引脚) | CM | |
| 120M_FCLK | DPLL5 | CM | |
| 96M_FCLK | DPLL4 | CM | |
| 48M_FCLK | DPLL4/sys_altclk(输入引脚) | CM | |
| 12M_FCLK | DPLL4/sys_altclk(输入引脚) | CM | |

续表 5-9

| 时　钟 | 外部/内部源 | 时钟发生器 | 描　述 |
|---|---|---|---|
| PRM_192M_ALWOM_CLK |  | DPLL4 | 直接来至 DPLL4 |
| CORE_CLK | DPLL3 | CM | DPLL3 时钟输出频率 |
| COREX2_CLK | DPLL3 | CM | DPLL3 时钟输出频率×2 |
| L3_ICLK | DPLL3 | CM | L3 互联接口时钟 |
| L4_ICLK | DPLL3 | CM | L4 互联接口时钟 |
| MPU_CLK |  | DPLL1 | MPU 子系统源时钟 |
| IVA2_CLK |  | DPLL2 | IVA2.2 子系统源时钟 |

**4. 空闲与唤醒管理**

当电源控制域内的某个时钟域控制的一组模块无需时钟时(接口时钟或功能时钟)，PRCM 模块可以被编程以自动切断给这些模块的时钟，从而降低其功耗。RPCM 模块可以将电源控制域切换为低功耗保持模式或关闭模式，以确保最小功耗。当某个电源控制域内所有的时钟都被切断时，该电源控制域将进入空闲状态。

当某个模块要从空闲状态切换到活动状态时，PRCM 会给整个电源控制域上电，并激活该模块所需的时钟信号。这就是唤醒转换过程，唤醒转换过程由唤醒事件触发。

各个电源控制域之间还存在睡眠/唤醒依赖关系。所谓睡眠依赖关系是指该电源控制域不能进入睡眠转换过程，除非所有其依赖的电源控制域都处于空闲状态而且不需要给该电源控制域提供电源。所谓唤醒依赖关系是指任何需要该模块工作的相关模块被唤醒，则该模块也会进入唤醒转换。PRCM 模块会根据各个模块之间的依赖关系，自动处理各时钟控制域的时钟门控时序关系，为各个模块提供时钟门控和电源开关。

图 5-5 为电源控制域的随眠/唤醒转换过程。

图 5-5 中，INACTIVE 态是当从 ACTIVE 状态到 RETENTION 状态或 OFF 状态转换过程中的一种暂态。在 INACTIVE 状态中，域的所有时钟都被门控。一个电源控制域不能直接在 OFF 状态和 RETENTION 状态之间转换，而不经过 INACTIVE 状态。

进入低功耗状态(INACTIVE，RETENTION 或 OFF)意味着低功耗，但是切换过程会带来延迟的增加。

仅当一个电源控制域满足以下条件时，PRCM 模块将启动该模块的睡眠转换过程。

- 所有的启动模块空闲(它们已完成其功能，并通过软件使其自己进入空闲态)。
- 所有的目标模块空闲(当所有启动模块进入待机模式后自动进入，或通过软件使其进入)。

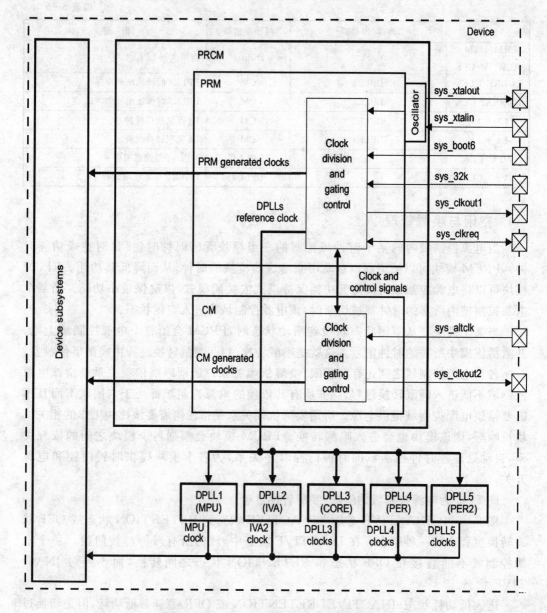

图 5-4  AM37x/DM37x 处理器内部时钟分配

- 所有睡眠依赖关系的模块均满足条件。

唤醒事件导致的唤醒转换过程将开启相应模块的电源控制域和时钟域。唤醒事件由相应的中断引起,分为以下 3 类:

- 全局唤醒事件:由特别的处理器事件引起,例如处理器唤醒、电压转换完成、DPLL 再校准等,主要用于唤醒 MPU 电源控制域。
- 模块唤醒事件:由模块发出的功能性唤醒事件,将唤醒模块所在的电源控制域。

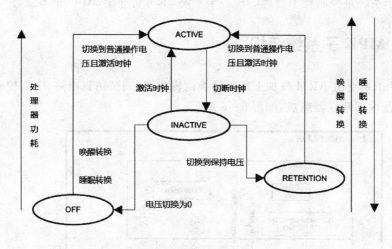

图 5-5 电源控制域的睡眠/唤醒转换过程

也可以通过软件方式产生模块唤醒事件,直接唤醒 MPU 或 IVA2.2 处理器。
- 依赖唤醒事件:一个电源控制域可以唤醒与之有依赖关系的其他电源控制域,依赖关系可通过软件设置相应寄存器来配置。

### 5. 中 断

PRCM 模块给 MPU 发出的中断是 PRCM_MPU_IRQ,给 IVA2.2 处理器的中断是 PRCM_IVA_IRQ。引起这两个中断的中断事件都有很多,通过事件标识来区分,读者若需要了解具体的中断事件标识可查阅 AM37x/DM37x 处理器技术参考手册。

### 6. 关机模式管理

核电源控制域可以从工作(ON)状态切换到关机(OFF)状态或保持(RETENTION)状态。当核电源控制域进入非激活(INACTIVE)状态时,时钟管理器将不产生接口时钟,处理器内联部件也进入非激活状态,于是处理器进入关机状态。若核电源控制域处于保持状态,则核电源控制域的逻辑电路也处于保持状态,这种情况下处理器唤醒延迟比从关机状态唤醒延迟稍短一些。

当处理器进入关机模式(核电源控制域处于关机或保持模式)时,处理器所有电压控制域也都会关闭以使泄露电流最小,但必须保证能响应唤醒事件。

AM37x/DM37x 处理器有一个专门的关机管理策略,其功能是:令所有模块离开激活状态、隔离它们的输出、配置关机模式下处理器的引脚,并监听唤醒事件。若 PRM 模块(WKUP 电源控制域一直保持有电状态)在系统控制模块 SCM 或任意 I/O 引脚上检测到唤醒事件,都可以唤醒处理器。

## 5.2　MPU 子系统

前面已经给出了 AM37x/DM37x 处理器的内部基本结构以及各个子系统简介,其中 MPU 子系统是控制整个处理的核心子系统,本节将介绍 MPU 子系统。

## 5.2.1 MPU 子系统结构

MPU 子系统由 ARM 核加上协议转换逻辑电路、调试仿真电路、中断控制器、时钟产生器以及内部互联器组成,如图 5-6 所示。

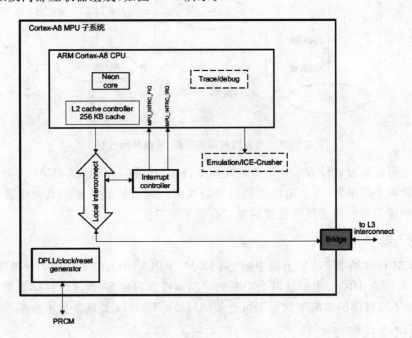

图 5-6 MPU 子系统内部结构

MPU 子系统内部各部件简介如下:
- ARM 核,提供强大的处理性能,接收来自 MPU 内部中断控制器的中断,其特征有:
  - ARM Cortex-A8 内核,版本为 r3p2。
  - ARMv7 指令集架构:标准 ARM 指令集+Thumb-2 指令集,JazelleX Java 加速器,以及多媒体扩展指令。
  - NEON 核,单指令多数据(SIMD)协处理器(轻量级 VFP+多媒体流指令集)。
  - Cache 存储器:32 KB L1 数据 Cache,32 KB L1 指令 Cache,4 路组相连;256 KB L2 Cache,并集成 Cache 控制器,8 路组相连,并带奇偶校验。
  - 内存管理单元 MMU;指令 TLB 和数据 TLB,各有 32 个页表项。
  - 集成跟踪和调试功能。
- 中断控制器(INTC),允许最多 96 级中断输入。
- 有一个连接 ARM Cortex-A8 CPU、中断控制器和 L3 互联器的内部互联器。

- 时钟产生与控制模块,通过 DPLL 产生时钟、控制电源模式、产生空闲/活动状态的响应信号。
- 仿真功能:ICECrusher、内嵌跟踪宏单元 ETM。Cortex – A8 有一个 APM 从接口,用于访问 ETM、ICECrusherCS 和调试寄存器。

## 5.2.2  MPU 各部件功能

### 1. MPU 子系统的时钟

MPU 子系统包含一个时钟生成器,为 MPU 子系统提供各种时钟,该时钟生成器的基本时钟来自 PRCM 模块。MPU 子系统内,除 ARM 核之外的其他模块的时钟频率,多数为 ARM 核时钟频率的一半。

MPU 内各功能时钟为:

- ARM_FCLK,ARM 核时钟,是最快的时钟,提供给 ARM 核、ARM 逻辑电路、内部 RAM、NEON 协处理器、L2 Cache、ETM。当 DPLL1 被锁定时,该频率为 MPU_CLK。
- AXI_FCLK,内部互联器时钟,该时钟频率为 MPU 时钟 MPU_CLK 的一半,MPU 与 L3 互联器接口的时钟也是此频率。
- MPU_INTC_FCLK,中断控制器功能时钟,该时钟频率为 MPU 时钟 MPU_CLK 的一半。
- ICECRUSHER_FCLK,ICECrusher 功能时钟,因为 ICECrusher 通过 APB 接口操作,其时钟等于 ARM 核的时钟。
- EMU_CLOCKS,仿真时钟,在仿真模块中,除了 ICECrusher 由 MPU DLL 来提供时钟之外,其他模块不由 MPU DLL 提供时钟,而是由 PRCM 模块中的 EMU DPLL 来提供时钟。该时钟为 ARM 核时钟最高频率的 1/3。

### 2. MPU 子系统的复位

MPU 子系统各模块的复位信号均由 PRCM 提供,如表 5 – 10 所列。

表 5 – 10  MPU 子系统的复位信号

| 信号名称 | 接口 | 描述 |
| --- | --- | --- |
| MPU_RST | PRCM | MPU 电源控制域复位 |
| NEON_RST | PRCM | NEON 电源控制域复位 |
| CORE_RST | PRCM | CORE 电源控制域复位 |
| MPU_PWRON_RST | PRCM | ICECrusher 复位,仅在冷复位时产生 |
| EMU_RST | PRCM | 仿真互联复位 |
| EMU_RSTPWRON | PRCM | 仿真模块复位 |

### 3. MPU 子系统的电源管理

MPU 子系统被 PRCM 划分为 5 个电源控制域来管理,如表 5-11 所列。注意,其中的仿真域和核域并非完全在 MPU 子系统中。

表 5-11  MPU 子系统的电源控制域

| 电源控制域 | MPU 内物理模块 |
| --- | --- |
| MPU 子系统电源控制域 | ARM 逻辑电路、内部互联器、L1 和 L2 Cache、ICECrusher、ETM、APM 模块 |
| MPU NEON 电源控制域 | ARM NEON 协处理器 |
| DPLL1 电源控制域 | MPU DPLL |
| 核电源控制域 | MPU 中断控制器 |
| EMU 电源控制域 | EMU(ETB、DAP) |

### 4. ARM Cortex-A8

关于 ARM Cortex-A8 核,本书的第 2~4 章已做了详细介绍,此处不再冗述。

### 5. 中断控制器 INTC

MPU 中的中断控制器 INTC 通过内部互联器与 ARM Cortex-A8 核相连,它的运行速度为 ARM Cortex-A8 核的一半。INTC 只处理发给 MPU 子系统的中断,包括 FIQ 或 IRQ,最多可以达 96 个。通过对 INTC 编程,可以设置来自系统外设服务请求的优先级。关于中断控制器的详细介绍,读者可以参考本书第 5.4 节。

## 5.3 互联器子系统

互联器(Interconnect)是处理器内部各模块及子系统之间相互通信的通道,在 AM37x/DM37x 处理器中各模块及子系统之间通过 L3 和 L4 互联器进行通信。其中,L3 和 L4 分别是 Sonic 公司 SonicsMX 和 Sonicst3220 互联器的实现。

### 5.3.1 术 语

为了理解互联器,这里先介绍一些相关的术语:

- 启动器模块(Initiator),此类模块发起和产生到处理器内部模块和子系统的读/写请求给互联器。
- 目标模块(Target),目标模块不能产生读/写请求,但是可以响应这些请求。不过,目标可以产生中断或 DMA 请求给系统。注意,系统中一个模块可能有多个端口,因此一个模块可以同时有启动器和目标。
- 代理(Agent),每个连接到互联器的模块都是通过代理来实现连接的,它是互联器和模块之间的适配器。目标模块通过目标代理(TA)进行连接,启动器模块

## 第5章 AM37x/DM37x 处理器基础

通过启动器代理(IA)进行连接。

- OCP,开放核协议(Open-core protocol, www.ocpip.org),是一个主端口到从端口的点到点标准协议。
- OCP 主端口,该端口可以产生 CP 命令,每个启动器模块至少包含一个 OCP 主端口。
- OCP 从端口,该端口可响应 OCP 命令,每个目标模块至少包含一个 OCP 从端口。
- 互联器,具有译码、路由和仲裁功能的逻辑电路,实现多个启动器和目标模块之间的连接。注意,中断和 DMA 请求不通过互联器传播。
- 寄存器目标模块(RT),用于访问互联器内部配置寄存器的专用目标模块。
- 数据流信号,明确与某个 OCP 处理或数据流(例如,命令、地址、字节允许等)相关的 OCP 信号。数据流信号的行为由 OCP 协议标准定义。
- 边带信号,不明确与某个 OCP 处理或数据流相关的 OCP 信号,OCP 协议标准没有定义这些边带信号。
- 带外错误,行为与处理器某个错误报告机制相关的 OCP 信号,相对于带内错误。
- 防火墙(Firewall),集成在目标模块代理或 L4 互联器中,可编程,用于阻止未授权访问。可根据 3 个方面来配置防火墙:
  - 启动器请求访问;
  - 地址空间访问;
  - 访问类型。
- 线路(Thread),一个逻辑通道实体,用于允许单独端口上有分离的单独数据。
- 多线路端口,一个物理端口可以被多个逻辑通道线路使用,同时处理多个事务。各逻辑线路的切换需要保持其顺序,但是在请求和响应之间可以改变相邻线路之间的顺序。线路管理是以性能优化为目的的,由系统自动处理。
- ConnID,系统中互联器的所有事务都有一个带内限定符 ConnID 标记,用于唯一标识互联器上给定点的启动器模块。ConnID 在请求信号带内,可在防火墙和错误日志机制中使用。
- 防火墙比较机制,防火墙将访问的带内限定符和访问许可做比较,访问许可通过防火墙配置寄存器来设置。如果比较成功则允许访问,否则拒绝访问。
- MCmd 限定符,用于标识事务的类型。
- MReqInfo 限定符,描述访问的限定符,用于防火墙比较机制。
- L3_PM_REQ_INFO_PERMISSION_i,用于配置 MReqInfo 限定符组合的寄存器。
- SError,用于给启动器模块指示错误条件的目标模块。
- SResp 限定符,目标模块对启动器模块请求的响应。

## 5.3.2 处理器内互联器架构

AM37x/DM37x 处理器内部互联层次可以分为以下 4 层：
- L1 层是处理器核内的，主要负责内部 L1 Cache 的数据交互，与 Cortex A8 核和 IVA2.2 核紧密连接。
- L2 层在 IVA2.2 子系统和 MPU 子系统中，负责这两个子系统内的模块通信。
- L3 层处理多种类型的数据传输，特别是与片上和片外存储器的通信。L3 互联器是一个基于小端格式的平台。
- L4 层由四个互联器 L4-Core、L4-Per、L4-Wakeup 和 L4-Emu 组成，处理与外设之间的通信，支持 32 位带宽传输，并针对多种外设目标进行了优化。对于一些窄带宽的外设（8 位或 16 位），L4 互联器默认使用小端格式。

AM37x/DM37x 处理器内部各模块及子系统之间的互联是通过 L3 和 L4 互联器实现的，如图 5-7 所示。启动器模块和目标模块分别通过 IA 和 TA 连接到互联器上，每个模块或子系统的连接都根据其特性进行静态配置。防火墙将根据软件配置的条件过滤来自启动器的访问。复位后，L3 和 L4 的默认设置是全连接的，也就是所有可能的数据通路都是允许的，默认使用最小的保护设置。用户可根据需求修改互联器参数，以配置互联器的数据通路。

## 5.3.3 L3 互联器

L3 互联器采用低功耗、高性能的灵活拓扑结构，将处理器内各 IP 核连接在一起。其先进的物理结构和协议，使得各 IP 核共享互联器的同时能保证各自所需的带宽和延迟时间。

L3 互联器的主要功能特点如下：
- 64 位多路互联器，消除片内数据通道瓶颈。
- 通过专用的目标模块（RT）访问 L3 内部寄存器。
- 在优化 MPU 访问存储资源延迟时间的同时，保证实时硬件操作的服务质量。
- 小端访问方式。
- 具有事务处理的错误跟踪和日志功能。
- 内置保护功能：
  - ➢ 仅允许授权的启动器访问。
  - ➢ 基于区域的分布式防火墙，用于系统资源的共享和保护管理。
- 支持芯片内部模块级电源管理。
- 2 根中断线用于事务处理错误。

L3 互联器所连接的模块如图 5-8 所示。其所连接的启动器模块代理如表 5-12 所列，所连接的目标模块代理如表 5-13 所列。

# 第 5 章 AM37x/DM37x 处理器基础

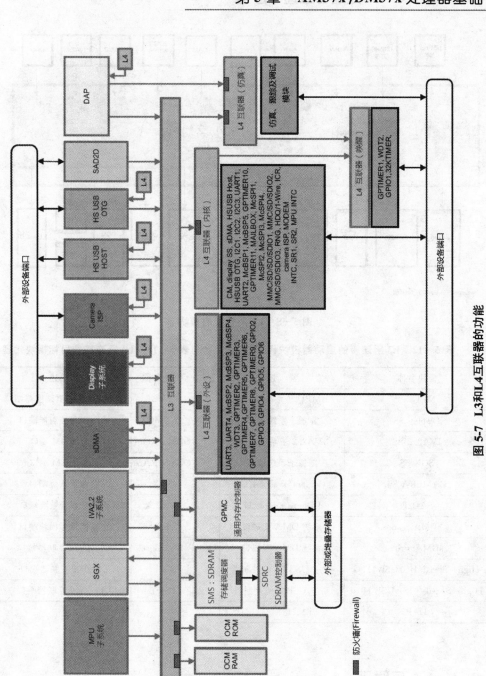

图 5-7 L3 和 L4 互联器的功能

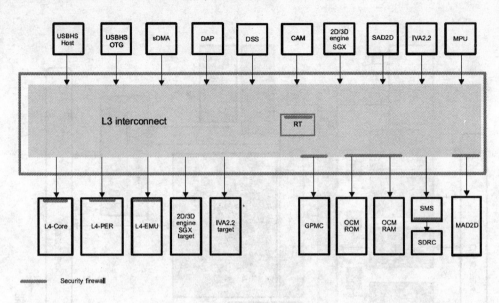

图 5-8 L3 所连接的模块

表 5-12 L3 所连接的启动器模块代理

| 模块名称 | 描述 |
| --- | --- |
| MPU SS | MPU 子系统端口 |
| Display SS | 显示子系统端口 |
| IVA2.2 SS | IVA2.2 子系统端口 |
| SGX SS | 图像子系统端口 |
| CAMERA SS | Camera 子系统端口 |
| SAD2D | Die-to-die 端口 |
| sDMA read | 系统 DMA 读端口 |
| sDMA write | 系统 DMA 写端口 |
| High-Speed(HS)USB OTG | 高速 USB OTG 控制器 |
| High-Speed (HS) USB Host | 高速 USB 主机控制器 |
| DAP | 调试访问端口 |

表 5-13 L3 所连接的目标模块代理

| 模块名称 | 描述 |
| --- | --- |
| SMS | SDRAM 存储器调度器端口 |
| GPMC | 通用内存控制器端口 |
| OCM-ROM | 片上 ROM 端口 |
| OCM-RAM | 片上 RAM 端口 |
| SGX | 图像子系统端口 |
| IVA2.2 | IVA 2.2 子系统端口 |
| RT | 寄存器目标模块端口 |
| L4-Core | L4-Core 互联器端口 |
| L4-Per | L4-Per 互联器端口 |
| L4-Emu | L4-Emu 互联器端口 |

## 5.3.4 L4 互联器

处理器分别使用 4 个 L4 互联器来连接外设模块,这 4 个互联器分属于 4 个不同的电源控制域。如图 5-9 所示,它们各自的主要功能如下:

- L4-Core，连接主要外设以及 L3 互联器配置接口，其所连接的启动器模块只有 L3 互联器端口，所连接的目标模块代理分别如表 5-14 所列。
- L4-Per，连接 CORE 电源控制域之外的外设，其所连接的启动器模块只有 L3 互联器端口，所连接目标模块代理分别如表 5-15 所列。

表 5-14　L4-Core 所连接目标模块

| 模块名称 | 描述 |
| --- | --- |
| Display subsystem | 显示子系统配置端口 |
| Camera subsystem | Camera 子系统端口 |
| High-Speed (HS) USB OTG | 高速 USB OTG |
| High-Speed (FS) USB Host | 高速 USB 主控制器 |
| UART1 | UART 串口 1 |
| UART2 | UART 串口 2 |
| I2C1 | 多主机 I2C 1 |
| I2C2 | 多主机 I2C 2 |
| I2C3 | 多主机 I2C 3 |
| McBSP1 | 多通道缓冲串口 1 |
| McBSP5 | 多通道缓冲串口 5 |
| GPTIMER10 | 通用功能定时器 10 |
| GPTIMER11 | 通用功能定时器 11 |
| MMC1 | MMC 控制器 1 |
| MMC2 | MMC 控制器 2 |
| MMC3 | MMC 控制器 3 |
| HDQ/1-Wire | 1-Wire 总线控制器 |
| MLB | 邮箱 |
| MCSPI1 | SPI 接口 1 |
| MCSPI2 | SPI 接口 2 |
| MCSPI3 | SPI 接口 3 |
| MCSPI4 | SPI 接口 4 |
| SR1 | SmartReflex1 |
| SR2 | SmartReflex2 |
| sDMA | 系统 DMA 控制器 |
| L4-Wakeup | L4-Wakeup 互联器 |
| CM | 时钟管理器 |
| SCM | 系统控制模块 |

表 5-15　L4-Pre 所连接目标模块

| 模块名称 | 描述 |
| --- | --- |
| UART3 | 通用串口 3（可用于红外端口） |
| UART4 | 通用串口 4 |
| McBSP2 | 多通道缓冲串口 2 |
| McBSP3 | 多通道缓冲串口 3 |
| GPTIMER2 | 通用功能定时器 2 |
| GPTIMER3 | 通用功能定时器 3 |
| GPTIMER4 | 通用功能定时器 4 |
| GPTIMER5 | 通用功能定时器 5 |
| GPTIMER6 | 通用功能定时器 6 |
| GPTIMER7 | 通用功能定时器 7 |
| GPTIMER8 | 通用功能定时器 8 |
| GPTIMER9 | 通用功能定时器 9 |
| GPIO2 | 通用 I/O 端口 2 |
| GPIO3 | 通用 I/O 端口 3 |
| GPIO4 | 通用 I/O 端口 4 |
| GPIO5 | 通用 I/O 端口 5 |
| GPIO6 | 通用 I/O 端口 6 |

- L4-Wakeup，连接 WKUP 电源控制域的外设，其所连接的启动器模块只有 L4-Core 端口和 L4-Emu 端口，其所连接的目标模块代理分别如表 5-16 所列。
- L4-Emu，连接 EMU 电源控制域的外设，其所连接的启动器模块只有 L3 互联器端口和 DAP，其所连接的目标模块代理分别如表 5-17 所列。

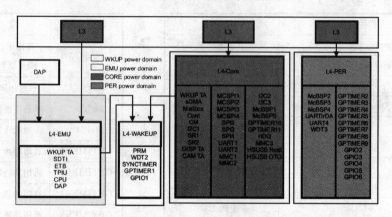

图 5-9 L4 所连接模块

表 5-16 L4-WakeUP 所连接目标模块

| 模块名称 | 描述 |
|---|---|
| PRM | 电源复位管理单元 |
| GPIO1 | 通用 I/O 端口 1 |
| GPTIMER1 | 通用功能定时器 1 |
| WDTIMER2 | MPU 子系统看门狗定时器 |
| 32KTIMER | 32 kHz 定时器 |

表 5-17 L4-Emu 所连接目标模块

| 模块名称 | 描述 |
|---|---|
| L4-Wakeup | L4 wake-up 互联器 |
| SDTI | 系统调试跟踪接口 |
| ETB | 内置跟踪缓冲 |
| TPIU | 跟踪端口接口单元 |
| MPU | Cortex-A8 核 |
| DAP | 调试访问端口 |

## 5.4 中断控制器

### 5.4.1 概 述

AM37x/DM37x 处理器中有 3 个中断控制器(INTC)：
- MPU 子系统 INTC(INTCPS)：处理所有 MPU 相关的事件，使用优先权阈值方式。INTCPS 使用一个私有的局部互联器与 Cortex-A8 核进行通信，其运行时钟的频率为 Cortex-A8 处理器的一半。
- IVA2.2 子系统 INTC：处理 IVA2.2 内部的事件，主要是为 DSP 处理器和

WUGEN(唤醒生成器)服务。
- Modem INTC：该模块是在 L4 互联器上映射的一个中断控制器，它将所有的中断重新分组之后送给叠加模式的调制解调子系统。Modem INTC 可以看做是 MPU 和 IVA2.2 子系统的一个二级 INTC。尽管 Modem INTC 是一个独立单元，但它只能和叠加调制解调子系统一起使用。

图 5-10 为 AM37x/DM37x 处理器内中断控制器的功能结构，其中 Modem INTC 非独立配置。本节将只介绍 MPU 子系统的中断控制器，IVA2.2 INTC 可以参考 IVA2.2 子系统的章节；由于 Modem INTC 是非独立配置的，在此也不做专门介绍。

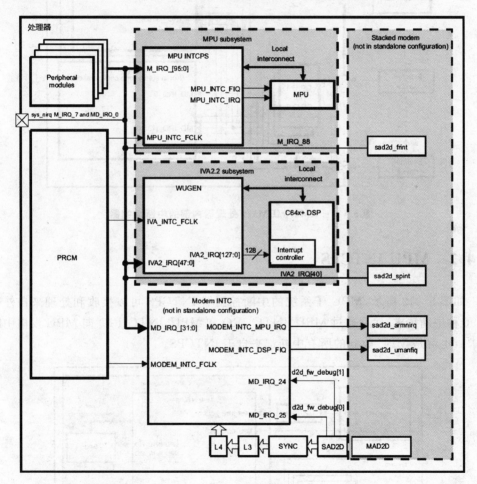

图 5-10  AM37x/DM37x 处理器内部的中断控制器

如图 5-11 所示，中断控制器能接收的、来自处理器外部设备的中断有以下两类：
- sys_nirq 中断输入。电源芯片通过一个专用中断线，分别将 sys_nirq 中断请求发送给 MPU INTC 和 Modem INTC，该中断将产生一个系统唤醒事件。如果系统处于空闲态且外部中断被屏蔽，则该中断不能唤醒系统。该中断线低电平有效，软件响应方式可编程。

■ GPIO 中断输入。外部设备也可以通过 GPIO 模块产生中断请求给 MPU 或者 Modem。其中,MPU INTC 有 6 根专用的中断线(对应 GPIO1~GPIO6),Modem INTC 有 4 根专用的中断线(对应 GPIO1-GPIO4),每根中断线都跟一个 GPIO 模块关联。通过软件配置,每个 GPIO 模块上任一引脚上的事件,都可以通过 GPIO 模块产生中断请求。

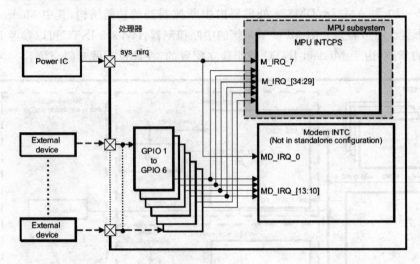

图 5-11 AM37x/DM37x 处理器内部的中断控制器

## 5.4.2 MPU INTCPS

如图 5-12 所示,MPU 子系统的中断控制器 INTCPS 可以接收和处理来自外部的 96 种中断请求,然后通过 MPU_INTC_IRQ 和 MPU_INTC_FIQ 向 MPU 发出中断请求。也就是 MPU 收到的所有中断都来自于 INTCPS。

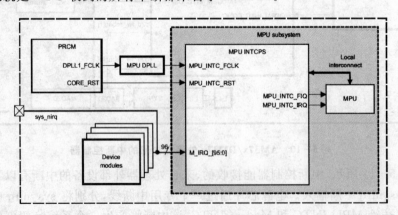

图 5-12 INTCPS 的功能结构

INTCPS 的主要功能特征是:

# 第5章 AM37x/DM37x处理器基础

- 每个中断输入都可以有独立的优先级,最多64级。
- 可以将每个中断引导到 FIQ 或 IRQ。
- FIQ 类中断和 IRQ 类中断的优先权各自独立排序。
- 优先级屏蔽,可以根据优先权阈值对中断进行屏蔽。
- 可以通过原子位设置和清除某个中断屏蔽和软件中断寄存器。
- 支持电源管理和唤醒功能。
- 具有空闲态自动节能功能。

对于 INTCPS 的 96 种中断请求,这里不做详叙述,如需了解可以查阅 AM37x/DM37x 处理器技术参考手册。

## 5.4.3 中断处理过程

INTCPS 处理中断的过程如图 5-13 所示。

### 1. 中断选择

INTCPS 支持只使用优先级来识别输入中断的方法;当外设发出中断请求之后,中断请求信号将一直保持有效,直到软件处理该中断并令该中断请求信号取消。

当 MPU_INTC. INTCPS_ISR_SETn 寄存器的某个相应位被设置之后,将会产生一个软件中断请求。当寄存器中相应的位被写之后,对应的软件中断将被清除。

### 2. 中断屏蔽

(1) 单个屏蔽

通过中断屏蔽寄存器 MPU_INTC. INTCPS_MIRn 可以单独禁止和允许对每个输入中断线的检测。当检测到一个未被屏蔽的输入中断时,INTCPS 将根据分类向 MPU 发出 IRQ 或 FIQ 中断请求。某个中断是 IRQ 还是 FIQ,可以通过设置 MPU_INTC. INTCPS_ILRm[0](m=[0,95])寄存器的 FIQNIRQ 位来设置。

当前输入中断在被屏蔽之前,中断的状态可以通过读 MPU_INTC. INTCPS_ITRn 寄存器获得。在中断被屏蔽和 IRQ/FIQ 选择之后、优先权排序之前,中断的状态可以通过读 MPU_INTC. INTCPS_PENDING_IRQn 寄存器和 MPU_INTC. INTCPS_PENDING_FIQn 寄存器获得。

(2) 优先权阈值屏蔽

为了更快处理优先权高的中断,INTCPS 提供了可编程的优先权屏蔽阈值。用户可以通过 MPU_INTC. INTCPS_THRESHOLD 寄存器的 PRIORITYTHRESHOLD 位域来设置优先权阈值。所有优先权比优先权阈值低或相等的中断,都会被屏蔽。优先权阈值若设置为 0 时等效于 1,也就是 0 级优先权不能被优先权阈值屏蔽。优先权和优先权阈值的范围是 0~63。若无需优先权阈值屏蔽时,可设置优先权阈值为 0xFF 以禁止该机制,这也是 INTCPS 复位后的默认值。

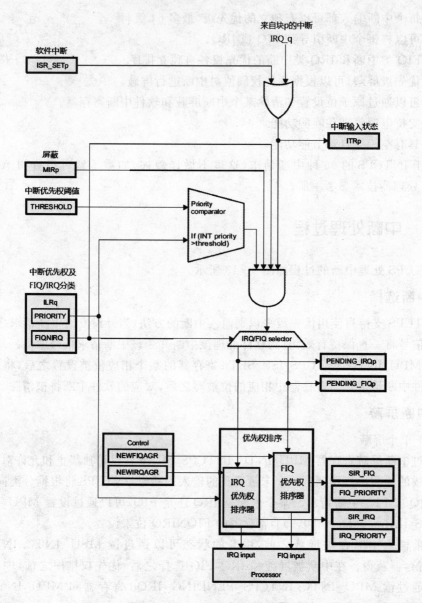

图 5-13 INTCPS 中断处理过程

### 3. 优先权排序

每个输入中断线都有一个优先级（0 级最低），中断的优先级和中断请求类型通过 MPU_INTC.INTCPS_ILRm（m=0~95）寄存器配置。若相同优先级和相同类型的多个中断同时发生，则编号最大的中断优先被服务。

当一个或多个未屏蔽输入中断被检测到时，INTCPS 将根据 MPU_INTC.IN-TCPS_ILRm 寄存器的 FIQNIRQ 位来区分是 IRQ 中断还是 FIQ 中断，区分后的结果会放入 INTCPS_PENDING_IRQn 或 INTCPS_PENDING_FIQn 中。

# 第 5 章　AM37x/DM37x 处理器基础

若当前没有其他中断正在被处理，则 INTCPS 将发出 IRQ/FIQ 请求信号，开始进行优先权计算。IRQ 和 FIQ 是可以并行处理的，因此它们各自独立排序。由 IRQ 或 FIQ 优先权分类器决定最高优先权中断号。优先权中断号被放在 MPU_INTC.IN-TCPS_SIR_IRQ 寄存器的 ACTIVEIRQ 位域中，或 MPU_INTC.INTCPS_SIR_FIQ 寄存器的 ACTIVEFIQ 位域中。该值将一直保持，直到 MPU_INTC.INTCPS_CON-TROL 寄存器的 NEWIRQAGR 位或 NEWFIQAGR 位被置 1。

一旦发出中断的外部设备被服务，那么相应的输入中断信号就应被取消，因此必须写入正确的 NEWIRQAGR 位或 NEWFIQAGR 位，告知 INTCPS 该中断已经被处理。如果此时又出现了该中断请求类型的未屏蔽输入中断，则 INTCPS 就重新开始优先权排序；另外此时 IRQ 或 FIQ 中断请求线被拉高。

# 第 6 章

# AM37x/DM37x 处理器存储系统

本章将对 AM37x/DM37x 处理器的存储系统做介绍,包括处理器的内存映射、内存子系统、MMU 单元和外部存储卡控制器接口。

## 6.1 内存映射

AM37x/DM37x 是 32 位的处理器,因此其地址空间为 4 GB。根据对象类型,处理器的地址映像由以下几部分组成:

- 通用内存空间,NOR/NAND Flash 和 SRAM,由通用内存控制器 GPMC 控制;
- SDRAM 空间,由 SDRAM 控制器 SDRC 控制;
- 寄存器空间,L3 和 L4 互联器;
- 专用地址空间,用于 IVA2.2 子系统和图像加速器 SX 等。

本节将分别介绍各地址空间,读者若需要了解各地址空间内部的详细划分可以查阅 AM37x/DM37x 处理器技术参考手册。

### 6.1.1 全局内存映射

整个系统的内存映射地址空间通过两级划分。第一级划分为 4 等份:Q0、Q1、Q2 和 Q3,各 1 GB 地址空间;第二级将第一级划分的每份再划分为 8 个 128 MB 的地址块。各目标空间的地址就映射在这些块上。这种空间划分方法,使得可以通过 32 位地址的最高 5 位([31:27])来译码目标空间。

- 启动内存空间(boot):片上 boot ROM 中或 GPMC 内存空间中有 1 MB 的启动地址空间。系统启动内存空间由处理器外部引脚 sys_boot5 来选择,若从片上 boot ROM 启动,则其地址为 0x4000 0000~0x400F FFFF;若从 GPMC 内存空间启动,则地址是 GPMC 内存空间的一部分。
- GPMC 内存空间:GPMC 内存空间有 1 GB,对应于 Q0,有 8 个独立 GPMC 片选信号(gpmc_ncs0 — gpmc_ncs7)用于 NOR/NAND Flash 和 SRAM 存储空间块的寻址,片选信号的起始地址和内存块大小(16、32、64、128 MB)都是可编程的。

- SDRC 内存空间:SDRC 内存空间有 1 GB,对应于 Q2,有 2 个片选信号(sdrc_ncs0—sdrc_ncs1)用于 SDRC 存储空间块的寻址。片选信号 sdrc_ncs0 的起始地址是 0x8000 0000;片选信号 sdrc_ncs1 的起始地址是可编程的,复位后的默认值是 0xA000 0000。两个片选信号对应的内存块大小(64、128、256、512 MB)都是可编程的。
- VRFB 内存空间:SDRC-SMS 虚拟内存空间是一个不同的内存空间,用于通过 ROT(Rotation engine)访问 SDRC 内存空间的子集。该虚拟地址空间有 768 MB,被分为 256 MB(在 Q1 中)和 512 MB(在 Q3 中)两部分。

处理器全局内存地址空间划分如表 6-1 所列。

表 6-1 AM37x/DM37x 处理器内存地址空间划分

| | | 名 称 | 起始地址 | 结束地址 | 大 小 | 描 述 |
|---|---|---|---|---|---|---|
| Q0 | GPMC | GPMC | 0x0000 0000 | 0x3FFF FFFF | 1GB | 8/16 Ex/R/W |
| Q1 (1GB) | 片上存储器 (128 MB) (ROM/SRAM 地址空间) | Boot ROM | 0x4000 000 | 0x4001 3FFF | 80 KB | 启动之后不可访问 |
| | | | 0x4001 4000 | 0x4001 BFFF | 32 KB | 32 位 Ex/R |
| | | 保留 | 0x4001 C000 | 0x400F FFFF | 912KB | |
| | | 保留 | 0x4010 0000 | 0x401F FFFF | 1 MB | |
| | | 内部 SRAM | 0x4020 0000 | 0x4020 FFFF | 64 KB | 32 位 Ex/R |
| | | 保留 | 0x4021 0000 | 0x4024 FFFF | 256 KB | |
| | | 保留 | 0x4025 0000 | 0x47FF FFFF | 128 704 KB | |
| | L4 互联器 (128 MB) (所有系统外设) | L4 - Core | 0x4800 0000 | 0x48FF FFFF | 16 MB | |
| | | L4 - Wakeup | 0x4830 0000 | 0x4833 FFFF | 256 KB | |
| | | L4 - Per | 0x4900 0000 | 0x490F FFFF | 1 MB | |
| | | 保留 | 0x4910 0000 | 0x4FFF FFFF | 111 MB | |
| | SGX (64 MB) | SGX | 0x5000 0000 | 0x5000 FFFF | 64 KB | 图像加速器从接口 |
| | | 保留 | 0x5001 0000 | 0x53FF FFFF | 65 472 KB | |
| | L4 仿真 (64 MB) | L4 - Emu | 0x5400 0000 | 0x547F FFFF | 8 MB | |
| | | 保留 | 0x5480 0000 | 0x57FF FFFF | 56 MB | |
| | 保留 | 保留 | 0x5800 0000 | 0x5BFF 0FFF | 64 MB | |
| | IVA2.2 子系统 (64 MB) | IVA2.2 子系统 | 0x5C00 0000 | 0x5EFF FFFF | 48 MB | |
| | | 保留 | 0x5F00 0000 | 0x5FFF FFFF | 16 MB | |
| | 保留 | 保留 | 0x6000 0000 | 0x67FF FFFF | 128 MB | |

续表 6-1

| | | 名 称 | 起始地址 | 结束地址 | 大 小 | 描 述 |
|---|---|---|---|---|---|---|
| Q1<br>(1GB) | | L3 控制寄存器 | 0x6800 0000 | 0x68FF FFFF | 16 MB | |
| | | 保留 | 0x6900 0000 | 0x6BFF FFFF | 48 MB | |
| | | SMS 寄存器 | 0x6C00 0000 | 0x6CFF FFFF | 16 MB | |
| | | SDRC 寄存器 | 0x6D00 0000 | 0x6DFF FFFF | 16 MB | |
| | | GPMC 寄存器 | 0x6E00 0000 | 0x6EFF FFFF | 16 MB | |
| | | 保留 | 0x6F00 0000 | 0x6FFF FFFF | 16 MB | |
| | SDRC/SMS 虚拟<br>地址空间 0<br>（256 MB） | SDRC/SMS 虚拟<br>地址空间 0 | 0x7000 0000 | 0x7FFF FFFF | 256 MB | |
| Q2<br>(1GB) | SDRC/SMS | CS0 - SDRAM | 0x8000 0000 | 0x9FFF FFFF | 512MB | SDRC/SMS |
| | | CS1 - SDRAM | 0xA000 0000 | 0xBFFF FFFF | 512MB | SDRC/SMS |
| Q3<br>(1GB) | 保留 | 保留 | 0xC000 0000 | 0xDFFF FFFF | 512MB | |
| | SDRC/SMS 虚拟<br>地址空间 1 | | 0xE000 0000 | 0xFFFF FFFF | 512MB | |

## 6.1.2　L3 和 L4 内存空间映射

系统内存空间系统分为 4 个层次：L1、L2、L3 和 L4。这里的 L1 和 L2 是 MPU 子系统和 IVA2.2 子系统内部的存储器。

芯片级互联器由 1 个 L3 互联器和 4 个 L4 互联器组成，可以实现所有模块和子系统之间的通信。其中，L3 互联器处理各种类型的数据传输，包含片上存储器、外部存储器的数据交换。4 个 L4 互联器处理外设之间信息传输，分别在 CORE,、WKUP、PER 和 EMU 这 4 个不同电源控制域中，它们是 L4 - Core、L4 - Wakeup、L4 - Per 和 L4 - Emu。

下面将介绍 L3 和 L4 寄存器的内存空间映射。这些寄存器的具体地址空间分配，本书不做罗列，读者可查阅 AM/DM37x 处理器技术参考手册。

### 1. L3 内存空间映射

L3 互联器控制寄存器映射到 16 MB 的地址空间上，用于配置 L3 内联参数。L3 默认设置是全功能的，所有可能的数据通道都是允许的；但是可以通过配置内联参数来满足需求。

使用 L3 内部寄存器可将 L3 内联以预模块（per - module）为基础来配置，这些寄存器按类型可分为 5 组：

■ IA：启动主体配置寄存器；

## 第6章 AM37x/DM37x处理器存储系统

- TA：目标主体配置寄存器；
- RT：寄存器目标（全局）配置寄存器；
- PM：保护机制（防火墙）配置寄存器；
- SI：全局边带信号配置寄存器。

**2. L4 内存空间映射**

四个 L4 互联器内存空间映射分别是：

- L4-Core 互联器内存空间映射：L4-Core 互联器的配置寄存器和模块寄存器映射到 16 MB 的地址空间上。
- L4-Wakeup 互联器内存空间映射：L4-Wakeup 互联器的配置寄存器和模块寄存器映射到 256 KB 的地址空间上。
- L4-Per 互联器内存空间映射：L4-Per 互联器的配置寄存器和模块寄存器映射到 1 MB 的地址空间上。
- L4-Emu 互联器内存空间映射：L4-Emu 互联器的配置寄存器和模块寄存器映射到 8 MB 的地址空间上。

### 6.1.3 IVA2.2 子系统内存空间映射

本小节将介绍如何通过 L3 互联器和 IVA2.2 启动程序来访问 IVA2.2 子系统的内部存储器和寄存器。IVA2.2 子系统的内存空间映射有 3 个视图：

- L3 互联器视图：外部视图（子系统存储器和配置寄存器）、MPU 子系统或其他模块通过 L3 互联器所看到的 IVA2.2 内存空间。
- IVA2.2 DSP 视图：IVA2.2 DSP 看到的内存空间视图。
- IVA2.2 EDMA 视图：IVA2.2 中 EDMA 看到内存空间视图。

注意，IVA2.2 子系统内部也有一个互联器，仅用于内部 DSP 和视频加速器和序列器访问 IVA2.2 内部存储空间。

IVA2.2 子系统内部存储器的层次结构，如图 6-1 所示，其包含：

- L1P（程序）：32 KB，可配置为内存（默认）或直接 Cache（32 字节 Cache 线，一次移出 Cache 的数据宽度）。
- L1D（数据）：
  - 32 KB，可配置为内存（默认）或 2 路组相连 Cache（64 字节 Cache 线）。
  - 48 KB 内存。
- L2（程序和数据）
  - 64 KB，可配置为内存（默认）或 2 路组相连 Cache（128 字节 Cache 线）。
  - 32 KB 内存。
  - 16 KB ROM，提供启动代码。

根据 IVA2.2 子系统的需求，以上局部存储器可配置为 Cache RAM 或内存。

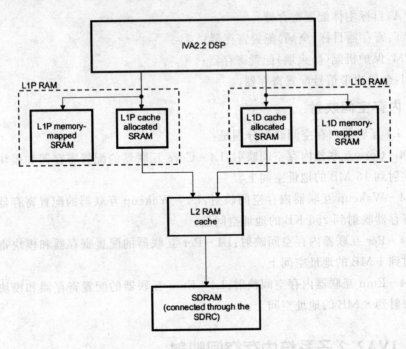

图 6-1　IVA2.2 子系统内部存储器层次结构

IVA2.2 内部 DSP 和 EDMA 通过虚拟地址来访问其内部的存储器和外设,这使得 DSP 和 EDMA 可以使用同样连续的内存视图,即使存储器在物理上是分开的。

IVA2.2 MMU 根据软件的配置处理虚拟地址到物理地址的转换。IVA2.2 MMU 发出 IVA2.2 的虚拟地址,使用 TLB 将虚拟地址转换成 AM37x/DM37x 处理器的实际物理地址。

## 6.2　内存子系统

本节将介绍内存子系统,包括通用内存控制器 GPMC、SDRAM 控制器 SDRC 和片上内存子系统。

### 6.2.1　通用内存控制器 GPMC

通用内存控制器 GPMC 是处理器统一内存控制器,其在处理器中的作用如图 6-2 所示,用于与以下各种外部内存接口:

- 异步类 SRAM 存储器以及 ASIC 设备;
- 同步、异步以及页模式猝发 NOR Flash 设备;
- NAND Flash;
- 伪 SRAM 设备。

GPMC 是 16 位外部内存控制器,其数据访问引擎提供了灵活编程模式,可与各种

# 第 6 章　AM37x/DM37x 处理器存储系统

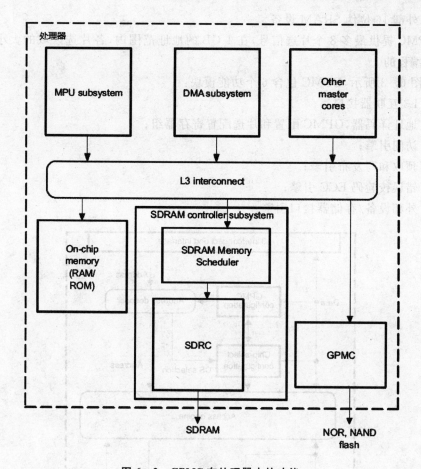

图 6-2　GPMC 在处理器中的功能

标准的存储器通信,支持以下各种访问方式:
- 异步读/写访问;
- 异步页读访问(4、8、16 个字,每字 16 位);
- 同步读/写访问;
- 无回绕能力的猝发式同步读/写访问(4、8、16 个字,每字 16 位);
- 有回绕能力的猝发式同步读/写访问(4、8、16 个字,每字 16 位);
- 地址/数据复用访问;
- 大端/小端访问。

GPMC 具有与以下各种外部设备进行通信的能力:
- 外部异步/同步 8 位存储器或设备(非猝发设备);
- 外部异步/同步 16 位存储器或设备;
- 地址范围有限的外部 16 位地址与数据不复用设备;
- 外部 16 位地址数据复用 NOR Flash 设备;
- 外部 8 位、16 位 NAND Flash 设备;

■ 外部 16 位伪 SRAM 设备。

GPMC 提供最多 8 个片选信号,在 1 GB 的地址范围内,各片选区域的大小、基址都是可编程的。

如图 6-3 所示,GPMC 包含 6 个功能模块:

■ L3 互联器接口;

■ 地址译码器,GPMC 配置和片选配置寄存器组;

■ 访问引擎;

■ 预取和写发布引擎;

■ 错误校验码 ECC 引擎;

■ 外部设备/存储器接口引擎。

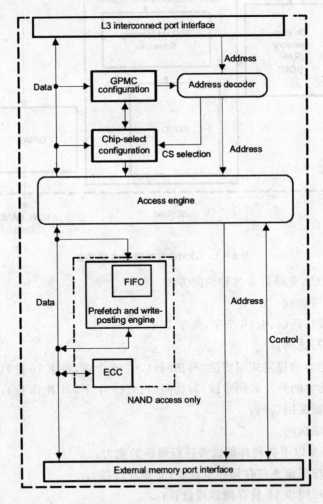

图 6-3 GPMC 内部结构

## 6.2.2 SDRAM 控制器 SDRC

SDRC 子系统提供处理器与外部 SDRAM 存储器部件之间的通信,支持低功耗双数据速率 SDRAM(LPDDR1)。它由以下两个子模块组成,为各种快速存储设备提供高性能接口:

- SDRAM 存储调度器(SMS),由调度器和虚拟旋转帧缓存模块 VRFB。
- SDRC。

SDRC 在处理器中的作用如图 6-4 所示,其功能特征为:

- VRFB 模块
  - 当以非自然光栅顺序访问图像时,可以最大程度的减少不命中惩罚。
  - 支持 0°、90°、180°、270°旋转。
  - 对软件应用是透明的。
  - 可以并发 12 个内容旋转。
- 存储访问调度器 SMS
  - 优化各启动器之间的延迟和带宽。
  - 预系统启动器组的 QoS 控制。
  - 用于优化调度的 8×8×64 请求队列 FIFO。
  - 可编程仲裁调度。
  - 着重于提高实时存储处理(DSS 显示、摄像头接口)能力。
  - 着重于提高 MPU/DSP 存储延迟。
  - 对其他各系统启动器之间竞争,采用公平仲裁(DMA、视频子系统、GFX 加速器)。
  - 支持独占的读/写处理。
- SDRAM 控制器
  - 支持两个独立的片选 CS 使用同样的寄存器设置,可以分别进行页跟踪。
  - 支持的存储器类型:M-SDR,LPDDR。
  - 支持的存储器容量:16 Mb、32Mb、64Mb、128Mb、256Mb、512Mb、1Gb、2Gb、4Gb。
  - 支持的存储器组织形式:
    - ✓ 2 块结构的 16 Mb、32 Mb 存储器。
    - ✓ 4 块结构的 64 Mb 到 4Gb 存储器。
    - ✓ 灵活的行列地址复用方式。
    - ✓ 线性的块寻址方式。
    - ✓ 16 位或 32 位数据宽度到外部 SDRAM 存储器。
    - ✓ 最大 1 GB 的寻址空间。
    - ✓ 设备驱动强度支持移动 DDR 存储器。

- ✓ 灵活的地址复用方式,通过配置块和列的地址译码次序,用户可以选择不同的块地址映射分配。
- ➤ 全流水线操作,以优化存储器带宽的使用。
- ➤ 支持猝发式访问。
- ➤ CAS 延迟可以是 1、2、3、4、5。
- ➤ 可根据所使用存储器的接口时钟频率来设置定时参数。
- ➤ 使用 DDR 存储器时,可以对延迟参数进行微调。
- ➤ 支持动态字节顺序。
- ➤ SDRAM 控制器中有一个 $9 \times 64$ 位的预取 FIFO,最多对应 4 个处理项。
- ➤ 支持低功耗。
- ➤ 支持自动刷新和自刷新。

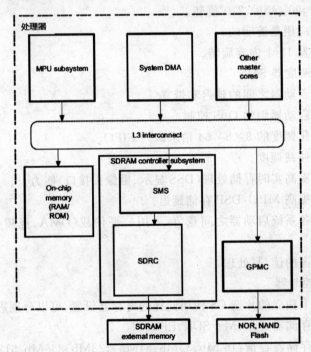

图 6-4 SDRAM 控制器在处理器中的作用

## 6.2.3 片上存储器子系统 OCM

片上存储器子系统包含两个存储控制器,分别控制片上 ROM(OCM_ROM)和片上 RAM(OCM_RAM),每个控制器都有其自己专用的接口与 L3 互联器连接,这样处理器内各子系统都可以通过 L3 访问片内存储器,如图 6-5 所示。

处理器片内 ROM(32 KB)起始地址为 0x4001 4000,结束地址为 0x4001 BFFF,具

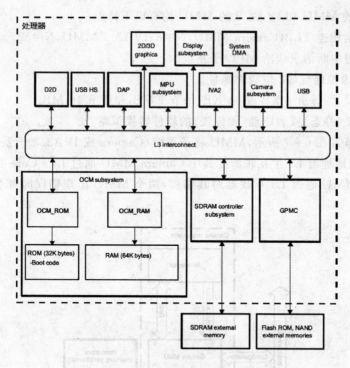

图6-5 OCM控制器在处理器中的作用

备以下特性:
- 包含Boot区,总是可访问的。
- 支持单个访问和猝发式批量访问。
- 工作的时钟频率等于L3的时钟频率。
- 初始访问需要3个周期,后续每次访问只需一个周期。

片内RAM的起始地址为0x4020 0000,结束地址为0x4020 FFFF,在复位之后默认2 KB有效,但也可以通过配置改变其大小,以适应其应用需求。片内RAM的特性如下:
- 工作时钟频率等于L3的时钟频率。
- 全流水线,每周期可访问32位。
- 可以使用L3防火墙对RAM进行分区,将RAM用于视频帧缓存或其他应用。
- 支持基于分区属性的访问限制。

## 6.3 内存管理单元MMU

AM37x/DM37x处理器包含3个内存管理单元:MPU的MMU、Camera的MMU和IVA2.2的MMU。其中,Camera的MMU和IVA2.2的MMU具有相同的体系结构,MPU的MMU体系结构则与前两者不同。MPU的MMU在第3章已经做了详细介绍,本节将简要介绍Camera和IVA2.2的MMU。

Camera 的 MMU 和 IVA2.2 的 MMU 均有以下特点：
- N 组全相连 TLB(Camera MMU,N=8;IVA2.2 MMU,N=32)。
- 有一根中断请求线给 MPU 子系统。
- 32 位虚拟地址,32 位物理地址。
- 映射尺寸：每页 4 KB 或 64 KB,每节 1 MB,超级节 16 MB。
- 预定义(静态)或表驱动(硬件表)的软件转换策略。

如图 6-6 和图 6-7 所示,MMU 将子系统(Camera 或 IVA2.2 子系统)的虚拟地址转换成物理地址给 L3 主互联器。其中 Camera MMU 通过 L4-Core 互联器对其编程,IVA2.2 MMU 通过 L3 互联器对其编程,两个 MMU 出现错误时都会向 MPU 发出中断请求。

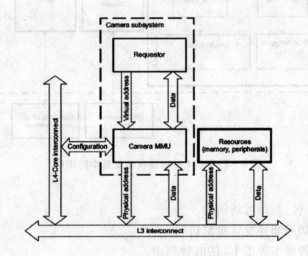

图 6-6 Camera MMU 的功能

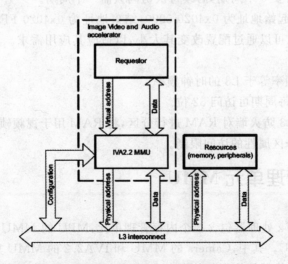

图 6-7 IVA2.2 MMU 的功能

使用 MMU 带来的好处:

- 内存碎片整理:零散的物理内存区域可以被转换为连续的虚拟内存区域,而无须移动数据。
- 内存保护:可以检测和阻止非法的内存访问。

## 6.4 外部存储卡接口

AM37x/DM37x 处理器带有 3 个 MMC/SD/SDIO 等外部存储设备主控制器,为 MPU、DSP 以及 MMC 与各种外部存储卡之间的通信提供应用接口,并可以最大程度减少 MPU、DSP 单元或 MMU 的介入。注意,本节所介绍的外部存储卡的存储空间不属于本章前面介绍的内存空间。

MMC/SD/SDIO 主控制器管理 MMC/SD/SDIO 协议的传输电平、数据封装、增加 CRC 校验位、启/停位以及语法检查。

该应用接口可以发出各种 MMC/SD/SDIO 命令、询问各种存储卡适配器的状态、等待各种操作结束后或异常情况产生的中断请求。通过操作相应的控制寄存器,该应用接口还可以读存储卡的响应或标志寄存器,也可以单独屏蔽某个中断源。

MMC/SD/SDIO 主控制器还支持两个 DMA 通道。

处理器中 3 个 MMC/SD/SDIO 主控制器中的第 1 和第 3 控制器如图 6-8 所示,第 2 控制器如图 6-9 所示。

MMC/SD/SDIO 主控制器的功能特征如下:

- 全兼容 MMC V4.2 标准定义的 MMC 命令/响应集,支持高容量 HC MMC(大于 2 GB)。
- 全兼容 SD V2.0 标准定义的 SD 命令/响应集,支持高容量 SDHC 卡(最高可达 32 GB)。
- 全兼容 SDIO Part E1 V2.00 标准定义的 SDIO 命令/响应集以及中断/读等待模式。
- 全兼容 SD Part A2 V2.00 主控制器标准。
- 全兼容 MMC V4.2 标准定义的 MMC 总线测试过程。
- 全兼容 CE-ATA 标准定义的 CE-ATA 命令/响应集。
- 全兼容 MMCA 标准的 ATA 协议。
- 具备灵活的架构,可以支持新未来出现的命令集。
- 支持:
  - 支持 SD 和 SDIO 卡的 1 位或 4 位传输模式标准。
  - 支持 MMC 卡的 1 位、4 位或 8 位传输模式标准。
- 内置 1 024 字节的读/写缓存。
- 总线访问最大可达 32 位。
- 多个中断源事件共用一个中断请求线。

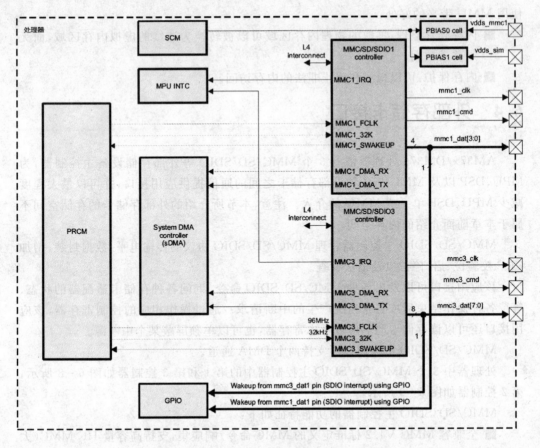

图 6-8　MMC/SD/SDIO 主控制器 1 和 3 的功能

- 两个从 DMA 通道,一个用于发送,一个用于接收。
- 低功耗设计。
- 支持 SDIO 读等待和挂起/恢复功能。
- 支持块间隙之间的停止。
- 支持 CE-ATA 标准规范中命令完成信号(CCS)和命令完成信号禁止(CCSD)的管理。

MMC/SD/SDIO 主控制器和 SD 卡标准 V1.00 中定义的 SD 主控制器标准(Part A2)有如下不同之处:

- MMC/SD/SDIO 主控制器支持 MMC 卡。
- MMC/SD/SDIO 主控制器被定义为一个从 DMA 设备;而一个标准 SD 主控制器被定义为一个主 DMA 设备,可以开始和停止 DMA 传输。MMC/SD/SDIO 主控制器支持通过从 DMA 请求来进行 DMA 传输。
- MMC/SD/SDIO 主控制器中的时钟分频器,使得 MMC/SD/SDIO 主控制器所支持的时钟频率范围比标准 SD 卡 V2.0 标准中的更宽;而且既支持奇数时钟频率,也支持偶数时钟频率。

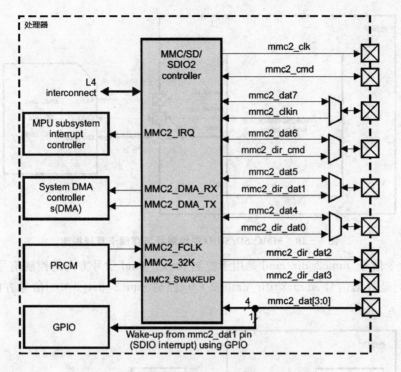

图 6-9  MMC/SD/SDIO 主控制器 2 的功能

■ MMC/SD/SDIO 主控制器支持可配置的忙超时。

一个主控制器可以连接一个 MMC 卡、SD 卡或 SDIO 卡;但不能在一个主控制器上同时连接两个存储卡,例如两个 SD 卡、一个 MMC 卡和一个 SD 卡。

3 个 MMC/SD/SDIO 主控制器的与外部存储卡的连接情况如下:

■ MMC/SD/SDIO1 主控制器集成了内部收发器,可以直接与 MMC/SD/SDIO 卡相连(1.8V 或 3V),而无须使用,支持 1 位或 4 位的数据传输模式。

■ MMC/SD/SDIO2 主控制器可以与存储卡连接(仅支持 1.8 V 卡),也可以与使用 MMC/SD/SDIO 接口的外部设备连接(例如 WLAN 设备)。该主控制器还可使用外部收发器,为数据和命令提供方向信号。它支持 1 位、4 位和 8 位数据传输模式,但是使用外部收发器时不支持 8 位数据传输模式。

■ MMC/SD/SDIO2 主控制器可以与存储卡连接(仅支持 1.8 V 卡),也可以与使用 MMC/SD/SDIO 接口的外部设备连接。该接口不使用外部收发器,支持 1 位、4 位和 8 位数据传输模式。

MMC/SD/SDIO 主控制器(1、2、3)直接与存储卡连接的方式如图 6-10 所示。其中,mmci_clk 是给存储卡的外部时钟、mmci_cmd 是命令信号、mmci_dat[7:0]是数据信号。

MMC/SD/SDIO 主控制器 2 通过外部收发器与存储卡连接的方式如图 6-11 所示。其中,mmc2_clk 是给存储卡的时钟、mmc2_clkin 是来自存储卡的时钟、mmc2_

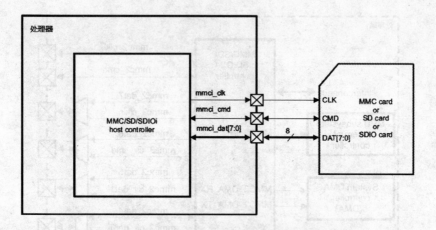

图 6-10 MMC/SD/SDIO 主控制器与存储卡直接相连

cmd 是命令信号、mmc2_dir_cmd 是用于控制 mmc2_cmd 信号方向的控制信号、mmc2_dat[3：0] 是数据信号、mmc2_dir_dat0[2：0] 控制 mmc2_dat[3：0] 信号方向的控制信号。

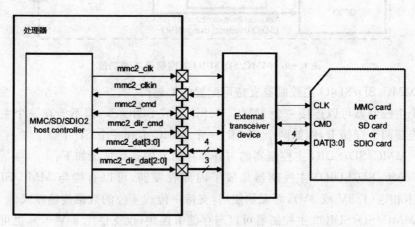

图 6-11 MMC/SD/SDIO 主控制器通过外部收发器与存储卡相连

# 第 7 章
# AM37x/DM37x 处理器多媒体系统

AM37x/DM37x 处理器的应用主要定位于流媒体处理、2D/3D 游戏和高分辨率静态图像处理等多媒体应用领域。因此,该处理器具有强大的多媒体处理功能,处理器内部包含以下多媒体处理相关部件:

- IVA2.2 子系统,包含一个 TMS320DMC64+ DSP 核,用于音视频加速。
- SGX 子系统,用于 2D/3D 图形加速。
- 摄像头信号处理器。
- 显示子系统。

本章将分别对以上各子系统做介绍。

## 7.1 IVA2.2 子系统

### 7.1.1 概 述

AM37x/DM37x 处理器所包含的 IVA2.2 子系统是基于 TMS320DMC64X+DSP 的音视频加速器的,其在处理器中的功能及内部基本结构如图 7-1 所示,由以下模块组成:

- 高性能 TI DSP(TMS320DMC64X+),包含内部 L1/L2Cache 和内存控制器。
- L1 RAM、L2 RAM 和 ROM。
- 视频硬件加速器模块,包含本地序列器。
- 专用增强 DMA(EDMA),用于将子系统和内存/外设之间的数据通信。
- 专用的内存管理单元 MMU,用于访问 L3 互联器地址空间。
- 内部互联网络。
- 专用 SYSC 模块和 WUGEN 模块,用于电源管理和时钟生成,并与 PRCM 模块相连接。

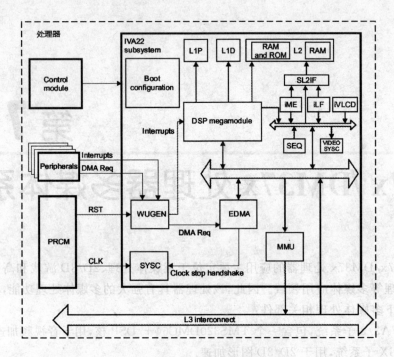

图 7-1 IVA2.2 子系统基本结构

## 7.1.2 功能特征

IVA2.2 子系统具有以下主要功能特点：

- 32 位定点媒体处理器。
- 基于可编程增强版本 C64x DSP 核的超长指令集（VLIW）架构。
- 每时钟周期可执行 8 条指令，有 8 个执行单元。
  - 用于视频和图像处理的优化指令集。
  - 每时钟周期可执行 8 个 8x8 或 16x16 乘累加运算（MAC）。
  - 每时钟周期可执行 8 个绝对值和运算（SAD）。
  - 每时钟周期可执行 8 个 $(a+b+1) \gg 1$ 插值计算。
  - 每时钟周期可执行 2 个（32 bit×32 bit→64 bit）的乘法运算。
- 低功耗处理器和高集成模块（megamodule）：
  - 动态混合 32 位和 16 位指令集。
  - 软件流水线循环（SPLOOP）指令缓冲。
  - 分离的电源控制域。
  - 支持多种掉电状态。
- 两级内存子系统层次结构。
  - L1P（程序）：32 KB 直接映射 Cache（一次存取 32 字节），可配置为 Cache 或

# 第 7 章 AM37x/DM37x 处理器多媒体系统

通用内存(可能的 Cache/Memory 组合:0 KB/32 KB、4 KB/28 KB、8 KB/24 KB、16 KB/16 KB 或 32 KB/0 KB)。
- ➢ L1D(数据):
  - ✓ 32 KB 两路组相连 Cache(一次存取 64 位),可配置为 Cache 或通用内存(可能的 Cache/Memory 组合:0 KB/32 KB、4 KB/28 KB、8 KB/24 KB、6 KB/16 KB 或 32 KB/0 KB)。
  - ✓ 48 KB 内存 SRAM。
- ➢ L2(程序和数据):
  - ✓ 64 KB 两路组相连 Cache(一次存取 64 位),可配置为 Cache 或通用内存(可能的 Cache/Memory 组合:0 KB/64 KB、32 KB/32 KB、或 64 KB/0 KB)。
  - ✓ 32 KB 内存 SRAM。
  - ✓ 16 KB ROM。
- ■ 视频硬件加速器:
  - ➢ 用于提高运动估计能力的专用硬件。
  - ➢ 用于提高环路滤波的专用硬件。
  - ➢ 用于提高带有数字量化功能可变长编解码器能力的专用硬件。
  - ➢ 专用序列器。
  - ➢ 内部互联器。
  - ➢ 可共享 L2 存储器接口/仲裁器。
- ■ 私有的 DMA 控制器:
  - ➢ 128 个逻辑通道。
  - ➢ 1D/2D 寻址方式。
  - ➢ 具有链接能力。
  - ➢ 全流水线执行,两个 64 位读端口,两个 64 位写端口。
  - ➢ 单次访问 32 字节,或增量猝发式访问 64 字节。
- ■ L1 中断控制器。
- ■ 内部 IVA 数字锁相环 DPLL 为 IVA 子系统提供时钟。
- ■ 32 页表项的 MMU 可与上层 OS 环境无缝集成。
- ■ IVA2.2 系统接口:
  - ➢ 用于外部存储器访问的 64 位 L3 端口:
    - ✓ DSP 核及 DMA 共享多线路连接。
    - ✓ L3 互联器接口可与 IVA2.2 时钟同步或异步。
    - ✓ 支持增量猝发访问方式。
    - ✓ 先使用临界线路,以减少处理器的线取延迟。
  - ➢ HPI(Host port interface)接口用于 MMU 编程和方位 IVA2.2 内部存储器,可使用同步或异步方式。

> 系统接口:时钟、电源管理。
- 对 C 语言友好的环境(针对 VLIW 价格的最先进 C 语言编译器)。
- 使用 TI 的低开销 DSP-BIOS 操作系统。

## 7.1.3 硬件请求

**1. DMA 请求**

如图 7-2 所示,IVA2.2 子系统接收来自 McBSP、UART 等模块的 14 种外部 DMA 请求,由 EDMA 处理。DSP 内部存储器之间的 DMA 传输则使用 IDMA。

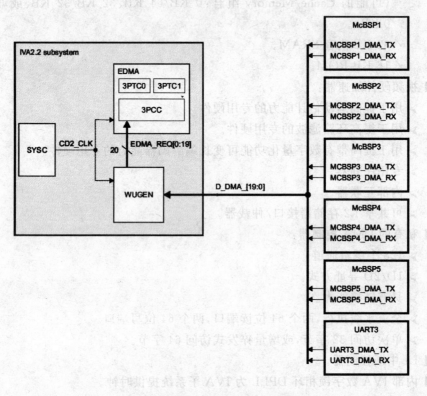

图 7-2 IVA2.2 子系统的 DMA 请求

**2. 中断请求**

如图 7-3 所示,IVA2.2 子系统管理 3 种类型的中断:

- 内部中断:来自 IVA 2.2 子系统内部的中断请求,或来自 IVA 2.2 子系统的内部 DSP 的中断。
- 外部中断:来自 IVA2.2 子系统外部的中断请求,例如 SPI、显示子系统、摄像头子系统。外设通过 IVA2.2 子系统的 IVA2_IRQ[47:0] 输入线产生 IVA2.2 级的中断。

- MMU 中断：IVA2.2 MMU 可以产生一个中断给 IVA2.2 子系统外部的主机。在图 7-3 中，MMU 中断线是 IVA2_MMU_IRQ，与 MPU 子系统中断控制器的 M_IRQ_28 连接。

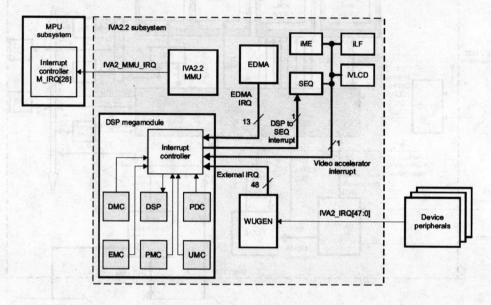

图 7-3　IVA2.2 子系统的中断请求

为了管理和扩展 DSP(内部和外部中断请求)的中断能力，IVA2.2 子系统包含两级中断控制：

- 中断控制器 INTC，集成在 DSP 中，该模块控制所有的中断请求(外部和内部的)，除了 MMU 中断之外。
- WUGEN，当 IVA2.2 处于关电状态时，响应 IVA2.2 子系统级的唤醒事件(中断、DMA 请求和从端口访问)。WUGEN 还对来自处理器外部的中断进行同步处理，然后将发给 INTC。

## 7.1.4　内部结构

IVA2.2 子系统内部结构如图 7-4 所示，由一些子模块围绕 DSP 核而构成。该子系统提供一个主端口和一个从端口，均连接在 L3 互联器上。下面将分别对 IVA2.2 子系统内部各个模块的功能做介绍。

### 1. DSP 核

DSP 核(DSP megamodule)是由 C64x+核、L1 程序存储控制器(PMC)、L1 数据存储控制器(DMC)、统一存储控制器(UMC)、外部存储控制器(EMC)、中断控制器(INTC)和掉电控制器(PDC)组成，如图 7-5 所示。其中，C64x+核是 C64x DSP(也称为 Kelvin)的一个扩展版本。关于 DSP 的编程，读者可以参考 TI 公司的 TMS320C64x/

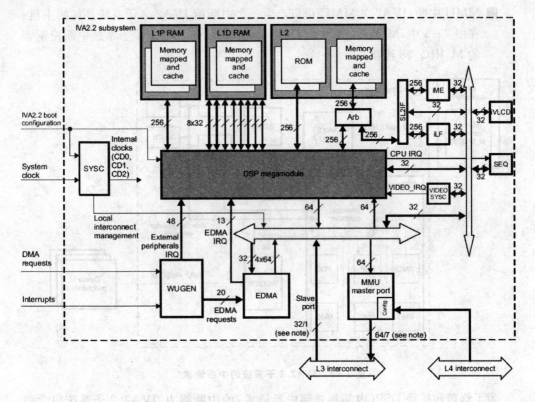

图 7-4  IVA2.2 子系统内部结构

C64x+ DSP 指令集参考手册。

## 2. DMA 引擎

IVA2.2 中有两个 DMA 引擎：EDMA 和 IDMA。

IVA2.2 子系统接收来自 McBSP、UART 等模块的 14 种外部 DMA 请求，由 EDMA 处理。EDMA 可用于任意连接到 L3 互联器上的外部存储器和 DSP 内部 L1D、L1P（若未全部被配置为 Cache）之间的 DMA 传输。EDMA 还可以实现外部存储器到外部存储器之间的 DMA 传输、内部存储器到内部存储器之间的 DMA 传输。通常情况下，DSP 内部存储器之间的 DMA 传输使用 IDMA。

如图 7-6 所示，EDMA 主要有以下组件组成：

- 1 个 TPCC（第三方 DMA 通道控制器），用于调度、仲裁和发起的 TPTC 上的 DMA 传输。
- 2 个 TPTC（第三方 DMA 传输控制器）。TPTC 根据对专用工作寄存器的设置，使用 2 个专用主端口（一个只读端口、一个只写端口）进行 DMA 传输。

EDMA 在 IVA2.2 子系统中的工作情况如下：

- 通过 DSP 中运行的代码配置 EDMA。通过 DSP 配置端口和内部互联器，可以对 DMA 传输进行编程；通过写 TPCC 配置寄存器可以软件触发 DMA 传输。

# 第 7 章 AM37x/DM37x 处理器多媒体系统

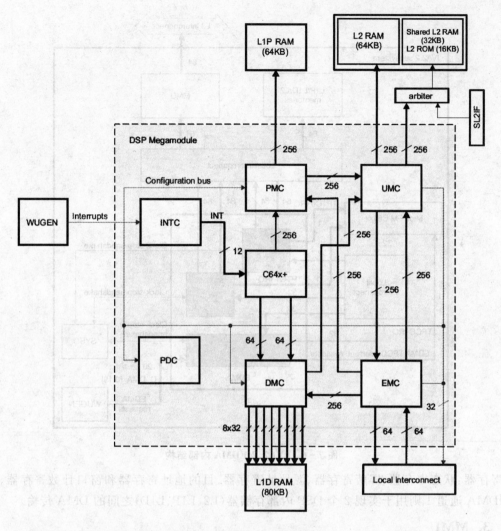

图 7-5 DSP 核内部结构

- 预编程的 DMA 传输，可由外部事件触发，可参考图 7-2 中的外部 DMA 请求。
- TPCC 通过专用的内部互联器 32 位配置端口，调度 TPTC0 和 TPTC1 上的 DMA 传输。
- 两个 TPTC 可同时通过与内部互联器相连的 64 位专用读写端口进行传输。
- EDMA 产生的中断，传送给 DSP 的中断控制器 INTC。
- 电源管理握手信号在 EDMA 组件和 SYSC 模块直接交换。

IDMA 是一个简单的 DMA 引擎，用于 DSP 内部存储器的 DMA 传输，内部存储器包括 L1P、L1D、L2。

IDMA 控制器包含 2 个 DMA 通道（通道 0 和通道 1），可独立编程。其中，IDMA 通道 0 仅用于配置连接到 DSP 配置端口的 IVA2.2 模块上的配置寄存器，对于 DMA PaRAM 的入口非常有用。为了实现对 IVA2.2 模块的简易配置，IDMA 通道包含 5 个

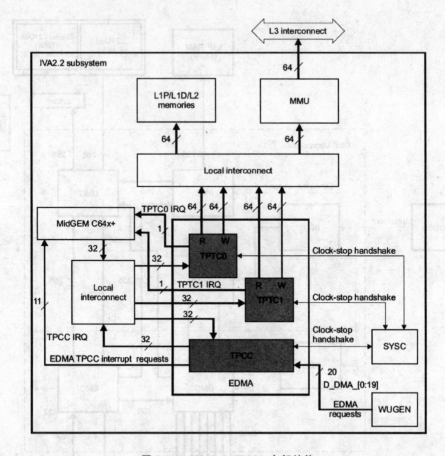

图 7-6 IVA2.2 EDMA 内部结构

寄存器:状态寄存器、屏蔽寄存器、源地址寄存器、目的地址寄存器和窗口计数寄存器。IDMA 通道 1 则用于实现 2 个 DSP 内部存储器(L2、L1P、L1D)之间的 DMA 传输。

### 3. MMU

如图 7-7 所示,IVA2.2 子系统内部 MMU 连接 DSP 核和 L3 互联器,将 DSP 的 4 GB 虚拟地址空间映射到处理器 4 GB 地址空间的任意位置。

复位之后 MMU 是被禁止的,DSP 可以访问从处理器全局内存地址 0x1100 0000 映射的存储空间,地址范围 0x00000000~0x10FF FFFF 只有 DSP 可以访问,因为它执行其自己的内部内存映射功能。

IVA2.2 MMU 的功能特征如下:
- 32 项的全相连 TLB。
- 有一根中断线给 MPU。
- 32 位虚拟地址,32 位物理地址。
- 页的尺寸为 4 KB 和 64 KB,节的尺寸为 1 MB,超级节的尺寸为 16 MB。

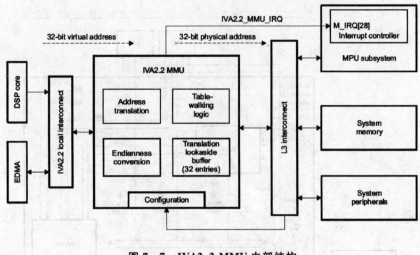

图 7-7　IVA2.2 MMU 内部结构

- 有 3 种地址转换策略：预定义策略（静态）、软件驱动（基于中断）和表驱动（硬件表）。

IVA2.2 MMU 将 DSP 发出的 32 位外部地址转换成 32 位 MPU 地址空间中的物理地址。地址转换由转换表结构实现，它将 DSP 地址中的高位映射到 MPU 地址空间的高位，低位在转换过程中并不变化，通过页/节来索引。实现方式与 MPU 的 MMU 单元基本一致。IVA2.2 MMU 包含 32 个 TLB 项，可以将内存空间划分为 4 KB、64 KB、1 MB 或 16 MB 的段。

### 4. SL2 接口

SL2 存储器接口（SL2IF）为以下单元提供对 L2 存储器的访问：
- iME（动作预测器）。
- iLF（环路滤波器）。
- 视频加速器/序列器的互联器。

如图 7-8 所示，SL2IF 由以下两个模块组成：
- 带宽优化器 BWO，用于优化视频加速器/序列器到 L2 存储器之间互联的写带宽和读延迟，它有以下两个组件组成：
  - 256b 的写缓冲，猝发式块写数据在发送给 L2 之前，先存放于此缓冲。
  - 256b 的读缓冲，用于猝发式块读数据时的预取。
- 仲裁器，用于 iME、iLF 和 BWO 这 3 个模块访问 L2 存储器的仲裁。该仲裁器可以保证 100% 的带宽可用，也就是不存在仲裁空隙。

### 5. 唤醒模块 WUGEN

如图 7-9 所示，唤醒模块 WUGEN 具有以下功能：
- 实现 IVA2.2 与 PRCM 的空闲握手协议。
- 对处理器外部给 IVA2.2 子系统的中断请求和 DMA 请求进行重同步。

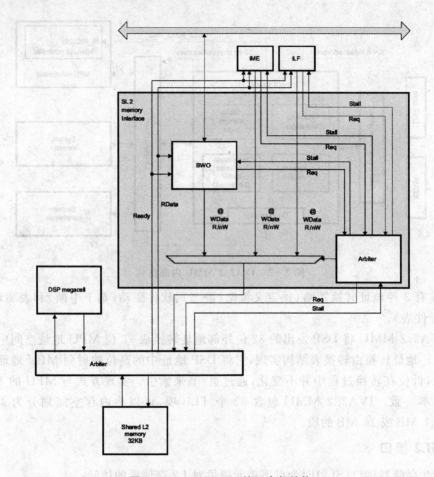

图 7-8 IVA2.2 SL2 接口内部结构

- 当 WUGEN 被要求进入空闲态时,阻止给 IVA2.2 子系统的中断请求和 DMA 请求。
- 检测允许的唤醒中断请求和 DMA 请求,产生一个唤醒事件给 PRCM 模块。
- 按照 DSP 模块中断的格式,对给 DSP 的中断进行格式化。

## 6. SYSC 模块

IVA2.2 的 SYSC 模块具有以下功能:

- 为 IVA2.2 子系统内所有模块提供分频时钟。
- 同步 IVA2.2 内各模块的分频时钟和 DSP 内部分频时钟。
- 与 PRCM 的电源握手信号交换。
- 控制 IVA2.2 内各模块时钟切换的时序。
- 将复位输入与 CD2_CLK 时钟从活动到非活动态转换过程进行重新同步。
- 对 IVA2.2 启动进行配置。复位启动时,相关配置寄存器仅 DSP 可访问。

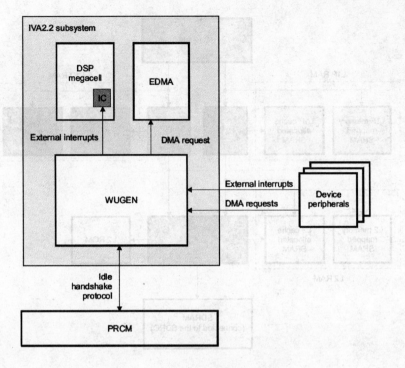

图 7-9  IVA2.2 WUGEN 的功能

## 7. 内部存储器

IVA2.2 子系统集成了以下 3 个存储控制器,它们由 DSP 控制:
- DMC,L1 数据存储器控制器。
- PMC,L1 程序存储器控制器。
- UMC,通用存储器控制器。

IVA2.2 子系统内部存储系统的层次结构如图 7-10 所示,根据软件对这些控制器的配置,IVA2.2 子系统内部的存储器可用作 Cache 或映像为内存。

- ROM

IVA2.2 子系统包含 16 KB 的 L2 ROM,此 ROM 中包含启动代码。当 L1P SRAM 被配置为非激活态(也就是全部被配置为通用内存)时,DSP 将从 L2 ROM 直接预取程序。

- RAM
  - L1P,32 KB L1 程序 RAM。
  - L1D,80 KB L1 数据 RAM。
  - L2,96 KB L2 通用 RAM。

L1P 和 L1D RAM 工作频率为 DSP 的时钟频率(CD0 时钟域)。L2 RAM 工作频率为 DSP 时钟频率的一般(CD1 时钟域)。

在 IVA2.2 子系统中,通过对 UMC 编程,L2 RAM 可以被配置其中的 32 KB、

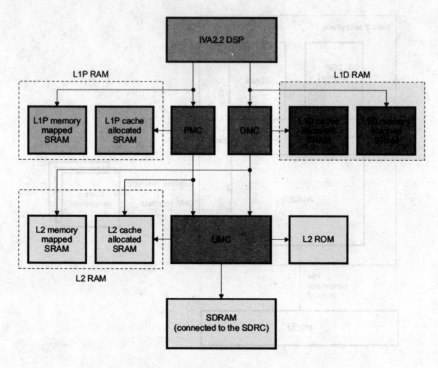

图 7-10 IVA2.2 内部存储系统的层次结构

64 KB 或 96 KB 作为通用内存,剩余的部分分配给 Cache。默认情况下,96 KB 全部用于通用内存;典型的应用是 64 KB 分配为 Cache。

L2 SRAM 中的通用内存可以被 DSP 和 SL2 接口访问;如果发生同时访问,则按 DSP 优先进行仲裁。L2 SRAM 中的最后 32 KB 不能用作 Cache,只能作为通用内存。因为地址约束的原因,iME 和 iLF 模块只能访问 L2 的最后 32 KB。

**8. 内部互联网络**

IVA2.2 内部互联网络是用于子系统内部各个模块之间内部通信的逻辑电路,例如 DSP 模块与 EDMA 模块或 WUGEN 模块的通信。

IVA2.2 内部互联网络仅支持小端模式,不支持大端模式,也不支持端模式的转换。

## 7.2 SGX 子系统

SGX 子系统也称为 2D/3D 图形加速器,用于二维和三维图像处理。SGX 子系统的核心是用于图像技术的 POWERVR SGX 核。SGX 核是新一代的可编程 POW-ERVR 图像处理器核。POWERVR SGX530 v1.2.5 体系结构是可扩展的,适用于从移动设备到高端桌面的各种图像应用,例如手机、PDA 和手持游戏机等。

SGX 图形加速器是多线程体系结构,通过使用二级调度和数据分区技术可以同时

进行以下几种多媒体数据类型的处理,而且任务切换开销为 0:
- 像素数据(Pixel)。
- 顶点数据(Vertex)。
- 视频数据(Video)。
- 通用功能处理。

SGX 子系统通过一个 128 位主接口和一个 32 位从接口与 L3 互联器相连接。

## 7.2.1 功能特征

POWERVR SGX 的主要特征如下:
- 支持 2D 图像、3D 图像、矢量图像的可编程通用图像处理器功能。
- 基于分块处理的体系结构。
- 通用变尺度着色引擎 USSE,多线程引擎可以合并处理像素着色和顶点着色。
- 高级着色功能集,性能超过 Mircrosoft 的 VS3.0、PS3.0 和 OpenGL2.0。
- 工业标准 API,支持 Direct3D Mobile、OpenGL ES 1.1 和 2.0、OpenVG v1.0.1。
- 细粒度的任务切换、负载平衡和功耗管理。
- 高级几何 DMA 驱动,可以最小化 CPU 之间的相互作用。
- 可编程的高质量图像抗锯齿能力。
- POWERVR SGX 核的 MMU 用于将核发出的虚拟地址转换为外部的物理地址。
- 全虚拟内存地址,使得 OS 可以按通用内存体系结构对其进行访问。
- 具有高级和标准 2D 处理能力,例如向量图处理、BLT、ROP 处理等。
- 支持 32 KB 跨步处理。

## 7.2.2 内部结构及组成

SGX 子系统的核心 POWERVR SGX530 使用硬件编码流水线技术,处理各种来自 2D、3D 及视频应用的需求。其内部结构如图 7-11 所示,由以下部件组成:
- 粗粒度调度器(CGS,Coarse grain scheduler)。
  - 可编程数据序列器 PDS。
  - 数据主机选择器 DMS。
- 顶点数据主机 VDM。
- 像素数据主机 PDM。
- 通用数据主机。
- 通用变尺度着色引擎 USSE。
- 分块处理协处理器。
- 像素处理协处理器。

- 纹理处理协处理器。
- 多级 Cache。

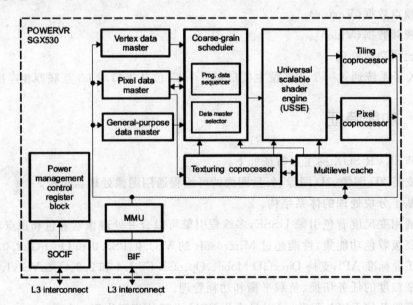

图 7-11  SGX 子系统结构

### 1. CGS

粗粒度调度器 CGS 是 POWERVR SGX 核的主系统控制器，由 DMS 和 PDS 组成。其中 DMS 处理来自数据主机的请求，它决定哪个任务应该被处理，并为之提供相应的资源。PDS 则控制 USSE 中数据的加载和处理。

SGX 核中有 3 个数据主机：

- 顶点数据主机 VDM 是多边形转换及光源处理的启动器。VDM 读入一个输入控制流，其中包含三角形的索引数据和状态数据，状态数据告知 PDS 程序：顶点的数量、可用于 VDM 的 USSE 输出缓冲资源的数量。这些三角形数据被处理为具有统一索引，以便能被 USSE 处理。这些数据会根据 DMS 当前的状态和驱动配置进行分组处理。
- 像素数据主机 PDM 是光栅化处理器的启动器。每个像素流水线各自处理所给分块的一半，这样每个流水线可以根据数据的局部性提高优化效率。PDM 决定 USSE 为每个任务所提供的资源数量，它将资源数量与状态地址进行合并之后，发送一个请求给 DMS，以便让 USSE 执行相关数据处理。
- 通用数据主机用于响应系统的事件（例如来自摄像头图像信号处理器的一组三角形或一个分块传输结束、着色处理结束或参数流断点事件等）。每个事件将会产生一个中断给主机或者同步执行 PDS 上的相关程序。PDS 上的程序可能引起将在 USSE 上执行的后续任务的执行。

## 2. USSE

虽然通用变尺度着色引擎 USSE 的指令和功能是为顶点着色处理、像素着色处理和视频/图像处理这三种任务而优化设计的,但用户还是可以对该单元进行编程。

## 3. 多级 Cache

多级 Cache 是一个由两个模块组成的两级 Cache:一个主 Cache 和一个多路复用/仲裁/多路分配/解压缩单元(MADD)。MADD 将主 Cache 封装在其中,用于管理和格式化给 Cache 的请求以及 Cache 发出的请求;同时 MADD 还为纹理处理请求和 USSE 请求提供 L0 级 Cache。MADD 可以接受来自 PDS、USSE 和纹理地址生成器的请求,并进行仲裁。

## 4. 纹理处理协处理器

纹理处理协处理器的功能是产生纹理地址和格式化纹理数据。它接受来自迭代器或 USSE 模块的请求,通过转换之后给多级 Cache;另外它将从 Cache 返回的数据按照所选择的纹理格式进行格式化,然后送到 USSE 进行像素着色操作。

## 5. 分块处理协处理器

SGX 核对像素图像采用分块的处理方式,一幅图像被划分成若干个块,并按照分块处理器协处理器指定的方式进行分组。分块处理结构的优点是在分块阶段可以减少大量的顶点数据,这样可降低对内存的存储要求,并能处理更多像素数据。

## 6. 像素处理协处理器

像素处理协处理器位于像素处理流水线的最后阶段,具有颜色筛选和填色功能,并控制最终送给内存的像素数据的格式。它将地址提供给 USSE 的外部缓冲,USSE 则返回相关的像素数据,地址的顺序由帧缓冲模式决定。

## 7.3 摄像头图像信号处理器

摄像头图像信号处理器 ISP(Camera Image Signal Processor)是进行图像和视频应用的关键部件,例如录像、照相、视频预览等。摄像头图像 ISP 为连接到处理器的 RAW 图像传感器模块提供接口,并具有处理能力。

摄像头图像 ISP 实现了 CSI2A、CSI1/CCP2B 和 CSI2C 这 3 个接收器。其中 CSI2A 和 CSI2C 是与 MIPI D-PHY CSI2 兼容的。如果使用 CSI1 模式,CCP2B(密集型照相端口)是与 MIPI D-PHY CSI1 兼容的。除了前面提到的接收器之外,摄像头图像 ISP 外部还有 2 个 MIPI D-PHY CSI2 兼容物理层 CSIPHY1 和 CSIPHY2。这两个 PHY 是与 MIPI CSI2 和 MIPI CSI1/SMIA CCP2 兼容的,它们是外部传感器引脚与内部接收器之间的物理连接。通过配置 PHY 和给接收器提供数据,摄像头图像 ISP 可同时支持最多 2 路来自外部传感器的像素流。当其中一路数据流使用视频处理器硬件时,另外一路数据流则必须进入内存。

## 7.3.1 功能特征

摄像头图像 ISP 在 AM37x/DM37x 处理器中的作用如图 7-12 所示,其功能特征如下:

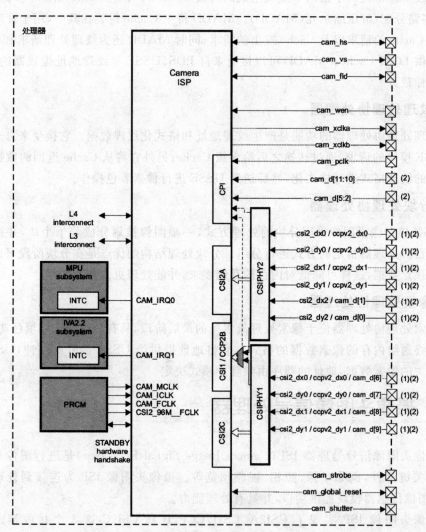

图 7-12 摄像头图像 ISP 的功能

- 图像传感器
  - 可与以下图像传感器接口:
    - ✓ R, G, B 三原色图像传感器。
    - ✓ Ye, Cy, Mg, G 互补色图像传感器。

# 第7章 AM37x/DM37x处理器多媒体系统

➢ 支持电子卷帘快门(ERS)和全局快门。
■ CSI1/CCP2B 串行接口:CSI1/CCP2B 接收器与 SMIA CCP2 规范和 MIPI CSI1 规范兼容,具备以下功能:
  ➢ 从传感器获取图像。
    ✓ 接收来自 PHY 的数据和像素,传输给系统内存或视频处理硬件。
    ✓ 双向数据连接。
    ✓ 1D 和 2D 寻址模式。
    ✓ CCP2 模式下,最大数据传输率为 650 Mbps;CSI1 模式下,最大数据传输率为 208 Mbps。
    ✓ 错误同步码保护。
    ✓ 具有乒乓切换机制的双缓冲。
    ✓ 支持 RGB、RAW、YUV 和 JPEG 格式。
    支持 DPCM 解压方式。
  ➢ 从内存中读取图像。
    ✓ 支持 RAW 格式。
■ 两个 MIPI CSI2 串行接口:摄像头图像 ISP 实现了两个 MIPI CSI2 串行接口接收器(CSI2A 和 CSI2C)。它们基于 MIPI CSI2 1.0 标准,数据传输率可达 2 Gbps。
  ➢ 将 CSIPHY1 或 CSIPHY2 收到的像素和数据传输给视频处理硬件和系统内存。
  ➢ 双向数据连接。
  ➢ 除了时钟信号外,支持最多 2 个可配置数据连接。
  ➢ 每个数据通道最大数据传输率高达 1 000 Mbps。
  ➢ 用于 CSI2A 两个数据通道和 CSI2C 一个数据通道的数据合并配置。
  ➢ 协议引擎可进行检错和纠错。
  ➢ DMA 引擎集成于专用的 FIFO 中。
  ➢ 流媒体 1D 和 2D 编址模式(2D 模式不支持旋转)。
  ➢ 具有乒乓切换机制的双缓冲。
  ➢ 支持猝发方式。
  ➢ RAW 帧码转换。包括 DPCM 和 A-law 压缩。
  ➢ 支持未知长度的 JPEG 传输。
  ➢ 支持 RGB、RAW 和 YUV 格式。
  ➢ 对隔行扫描流采用逐行方式存储(使用行号)。
  ➢ RGB 格式转换。
  ➢ 通过串行配置端口(SCP)配置相关联的 PHY。
  ➢ PHY 接口完全可配置:时钟和数据的位置,每对差分信号的+/-顺序均可配置。

- 低功耗模式使用 PRCM 协议。
■ 并行接口:CPI(Camera Parallel Interface)支持两种模式。
  - SYNC 模式:在此模式中,图像传感器在提供像素时钟的同时,还为并行接口提供水平和垂直同步信号。此模式可适合 8、10、11 和 12 位数据方式;如果视频处理硬件中使用了 CCDC,对于超过 10 位的数据,则必须在内部用桥通道移位器将其转换成 10 位数据。SYNC 模式支持逐行扫描和隔行扫描图像传感器模块。
  - ITU 模式:在此模式中,图像传感器模块提供兼容 ITU-R BT 656 标准的数据流。接口不提供水平和垂直同步信号。而是在数据流中内嵌了同步码:SAV(视频开始)和 EAV(视频结束)。此模式适合 8、10 位的数据方式。
■ 视频处理硬件:视频处理器硬件使得用户可以不必使用带有处理功能的价格昂贵的高性能摄像头模块。它由前端和后端组成。
  - 视频处理前端(VPFE):对输入的 RAW 图像数据进行信号处理。输出数据可以直接给内存用于软件处理,或者给视频处理后端进行进一步处理。视频处理前端由 CCDC 模块支持,所进行的信号处理包含:
    ✓ 光学钳制。
    ✓ 黑色电平补偿。
    ✓ 基于颜色查找表的错误像素校正。
    ✓ 2D 镜头阴影补偿技术。
    ✓ 数据格式化器。
    ✓ 输出格式化器。
  - 视频处理后端(VPBE):对输入的 RAW 图像数据做信号处理,输出 YCbCr 4:2:2 数据,包含以下模块:
    ✓ 预览模块:所进行信号处理如下(预览模块的信号处理也可用于内存到内存之间):
      ◇ A-law 压缩,将非线性 8 位数据转换为 10 位线性数据。CCDC 模块可执行 A-law 压缩。
      ◇ 消噪和错误像素校正:黑帧捕获和消除、水平中值滤波、可编程同色 3×3 方格滤波器、耦合错误像素校正。
      ◇ 数字增益。
      ◇ 白平衡。
      ◇ 按 5×5 方格的可编程 CFA(色彩滤波阵列)插值算法。
      ◇ 黑标准调整。
      ◇ 可编程色彩调整(RGB 到 RGB)。
      ◇ 可编程伽玛校正:每种颜色 1 024 项。
      ◇ 可编程色彩转换(RGB 到 YCbCr 4:4:4)。
      ◇ 色彩二次抽样(YCbCr 4:4:4 到 YCbCr 4:2:2)。

## 第 7 章　AM37x/DM37x 处理器多媒体系统

　　　　◇ 非线性亮度增强,色差抑制与补偿。
　　✓ 尺寸缩放模块:通过应用高质量水平和垂直滤波器,对 YCbCr 4∶2∶2 数据进行实时上采样(最高可达 x4)和下采样(最低可达 x0.25)操作。垂直尺寸和水平尺寸的修改是独立的。适用比例是 256/N,其中 N 可以从 64~1 024。此功能可用于数字缩放(上采样)和视频预览(下采样)。尺寸缩放模块也可用于内存到内存之间。
■ 统计模块(SCM):主机 CPU 可根据 SCM 的数据统计来调整相关参数。
　　➢ 3A 量度:收集实时 RAW 图像数据的 3A 量度,用于反馈控制自动白平衡(AWB)、自动曝光(AE)和自动聚焦(AF)。MPU 子系统会使用这些数据量度来调整图像数据处理时的参数。
　　➢ 直方图:根据色彩范围和区域,对 RAW 图像进行实时像素装仓操作。支持最多 4 个区域和每种颜色最多 256 位。MPU 子系统是使用直方图和 3A 量度来调整图像数据处理时的参数。直方图模块也可用于内存到内存之间。
■ 中心资源共享缓冲逻辑(SBL):用于缓冲和调度来自摄像头图像 ISP 各模块的内存访问需求。
■ 环形缓冲区:当数据必须被软件后处理或(且)预处理时,阻止将全部图像帧存放在内存中。
■ 内存管理单元(MMU):管理外部地址的虚拟地址到物理地址转换,同时还解决内存碎片的问题。利用 MMU 可以动态的分配和收回内存,并处理器内存碎片。
■ 时钟生成器:产生两个独立时钟分别用于两个外部图像传感器。
■ 时序控制:
　　➢ 产生时钟生成器所需要的时钟。
　　➢ 产生闪光灯、机械快门和全局复位所需的信号,支持消除红眼。
■ 开放核协议(OCP)兼容:
　　➢ 一个连接到 L3 的 64 位主机接口。
　　➢ 一个连接到 L4 的 32 位从机接口。

### 7.3.2　内部结构及组成

　　摄像头图像 ISP 的内部结构如图 7-13 所示,下面将对其中主要部件的功能做简要的介绍。关于摄像头图像 ISP 的编程,本书不做介绍,读者需要可以查阅 AM37x/DM37x 处理器技术参考手册中的相关章节。

**1. CSI1/CCP2B 接收器**

　　CSI1/CCP2B 接收器是连接视频处理硬件的视频端接口,其结构如图 7-13 所示,其功能是:通过所选的 PHY 接收来自 CSI1/CCP2B 兼容图像传感器的串行数据,转换

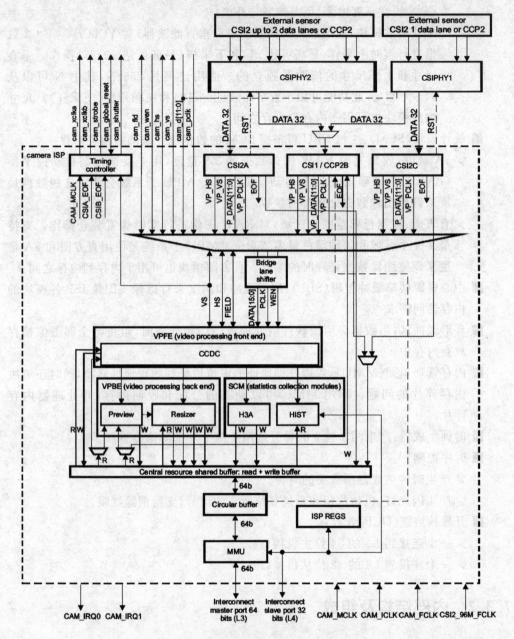

图 7-13 摄像头图像 ISP 的内部结构

成并行数据；然后选择逻辑通道，检测和抽取同步码；最后将重新格式化的数据送给视频处理硬件或内存。

### 2. CSI2 接收器

CSI2 接收器模块是连接到 L3 互联器上用于存储数据到内存的主机，又是连接到 L4 互联器上用于访问寄存器的从机，其内部结构如图 7-15 所示。

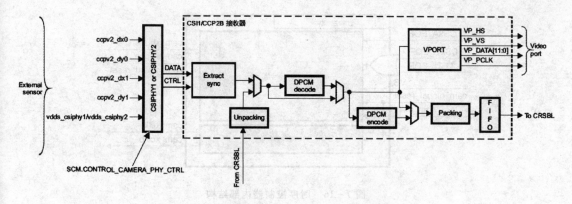

图 7-14 CSI/CCP2B 接收器内部结构

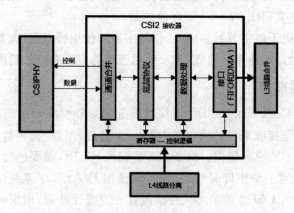

图 7-15 CSI2 接收器内部结构

CSI2 串行接口是一个用于物理层的单向差分串行接口,传输数据-时钟信号;有 4~6 个数据-时钟信号,用于 1~2 个数据通道和 1 个时钟通道。每个物理通道都既可以作为数据通道,也可以作为时钟通道。CSI2 PHY 是基于 MIPI DPHY 1.0 标准的,每个数据通道最大传输速率可达 1 000 Mbps。

**3. 时序控制模块**

如图 7-16 所示,时序控制模块由一个时序产生器和一个控制信号产生器组成。

时序产生器的功能是基于 CAM_MCLK 时钟提供两个用于外部摄像头模块的时钟 cam_xclka 和 cam_xclkb,其中,分频器是可编程的,最高频率可达 216 MHz;这两个时钟不能用于摄像头图像 ISP 内部。

控制信号产生器提供用于闪光灯预闪、闪光灯闪光和机械快门的精确控制信号,可与来自 CSI2A、CSI2C、CSI1/CCP2B、并行接口的信号以及外部产生的摄像头复位信号同步。

**4. 桥通道移位器**

桥通道移位器模块包含一个数据通道移位器和一个可选的桥。

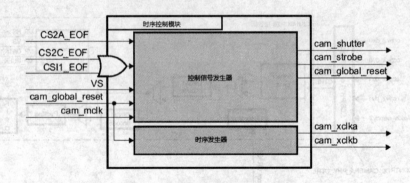

图 7-16 时序控制器内部结构

- 数据通道移位器：用于将数据通过物理引脚发送给 CCDC 模块相应的输入。移位器由 ISP_CTRL[7:6]寄存器控制。
- 可选的桥：用于将字节封装成 16 位的字。若使用桥，则最大数据传输率会有所提高。这对以高速率传输 YCbCr 数据流或将流压缩存放到内存中非常有用。

### 5. 视频处理器前端

视频处理前端(VPFE)由 CCDC 模块和镜头阴影补偿单元组成，核心是 CCDC 模块。CCDC 的功能是接收来自传感器的 RAW（未处理）图像/视频数据，同时它也可以接收各种格式的 YUV 视频数据。对于 RAW 输入，CCDC 需要进行图像处理，这个处理过程既可以在预览引擎中即时处理，也可以使用 IVA2.2 子系统的软件来处理。同时统计模块会对进入 CCDC 的 RAW 数据做直方图统计处理，根据统计结果来调整图像/视频参数。

CCDC 模块的内部结构如图 7-17 所示，其主要功能如下：
- 图像传感器：支持多数图像传感器，分辨率最高可达 4 096×4 096。
- CCDC 接口：这是一个 16 位的接口。摄像头图像 ISP 模块接口既可以与外部并行接口连接，也可以接收来自 CSI2A、CSI2C、CSI1/CCP2B 接收器（通过视频端接口）的输出。若要该接口达到最高速率，则 CCDC 模块之前的桥通道移位器必须允许将 8 位数据封装成 16 位的数据（不支持 ITU 模式）。CCDC 接口支持 SYNC 和 ITU 两种同步模式。
- RAW 数据处理：处理完之后的输出数据可以直接给内存用于软件处理，也可以给预览模块做进一步处理。RAW 数据处理操作包括：
  - 光学钳制。
  - 黑色电平补偿。
  - 错误像素校正。
  - 2D 镜头阴影补偿技术。
  - 数据格式化器和视频端口。
  - 输出格式化和选择。

➢ DC 分量的去除。
■ YUV 数据处理:处理后输出的数据可以直接给内存用于软件处理,也可以给尺寸缩放模块做进一步的处理。YUV 数据处理包括:
➢ 输出格式化和选择。
➢ DC 分量的去除。
■ 内存端口:CCDC 可以作为主机通过 CRSBL 去访问内存,不需要系统 DMA 的支持。

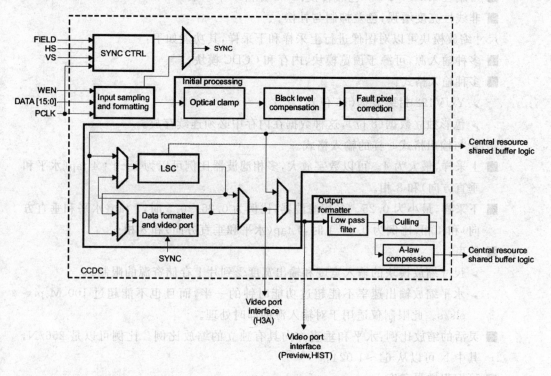

图 7-17 CCDC 模块内部结构

### 6. 视频处理器后端

视频处理后端包括预览引擎和尺寸缩放模块。

预览模块负责将 RAW 图像传感器的数据转换为 YUV422 格式数据,YUV422 数据适合静态图像编码、视频编码和显示。它具有以下功能:

■ 多种输入:模块输入数据可以来自 RAW 图像传感器(10 位)或内存(8 位)。
■ 多种输入格式:可以接收来自 Bayer RGB 彩色滤镜阵列、补偿色彩滤镜阵列、超级 CCD Honeycom 传感器的各种格式输入。
■ 水平方向均值处理,可 1、2、4、8 值平均。根据固定内存线尺寸,预览模块输出的最大水平像素可达 4 096 个。
■ A-Law 解压缩:将 8 位非线性数据转换为 10 位线性数据。CCDC 模块可以进行 A-Law 压缩。

- 降噪和错误像素校正:黑帧捕获和消除、水平中值滤波、可编程同色3×3核滤波器、耦合错误像素校正。
- 数字增益和白平衡。
- 按5×5方格进行可编程CFA(色彩滤波阵列)插值。
- 可编程RGB到RGB混合矩阵:3×3矩阵9个系数。
- 可编程伽马校正:每种颜色在本地内存中有1 024项。
- 可编程RGB-YUV色彩转换:3×3矩阵9个系数。
- 非线性亮度增强,色差抑制与补偿。

尺寸缩放模块可以对图像进行上采样和下采样,其功能如下:
- 多种输入源,可源于预览模块、内存和CCDC模块。
- 多种输入格式:
  > YUV422封装数据(16位)。
  > 色彩独立数据(8位),这种数据在内存中必须连续存放。
  > 与输出格式一样的输入格式。
- 上采样,最大为4。可以数字放大,多相滤波器比例可以为1—4:4 tap(水平和垂直方向)和8相。
- 下采样,最小为0.25。多相滤波器,比例为0.25—0.5时,7 tap(水平和垂直方向)和4相;比例为0.5—1时,4 tap(水平和垂直方向)和8相。
- 约束:
  > 尺寸缩放模块的输入宽度和输出宽度受到片上存储资源的限制。
  > 水平缩放输出速率不能超过功能时钟的一半,而且也不能超过100 M pixels/s。此限制仅适用于对输入源的即时处理。
- 灵活的缩放比例:水平和垂直方向具有独立的缩放比例。比例可以是256/N,其中N可以从64~1 024。
- 可编程增强亮度。
- 可进行连续性操作,也可以一次操作。

### 7. 统计模块

统计模块(SCM)由H3A模块和直方图模块组成,对输入的图像进行统计处理,以帮助摄像头系统调整参数。

H3A模块根据对图像/视频数据的量度来调整参数,进行自动聚焦、自动白平衡和自动曝光处理,包含两个主要模块:

**(1) 自动聚焦引擎(AF)**

AF从输入图像数据的指定区域抽取红、绿、蓝数据,对其进行峰值计算和累加计算。这个指定区域是一个二维的像素块,称为Paxel。AF引擎提供以下功能:
> 对Paxel的峰值计算:对Paxel内每行最大聚焦值的峰值计算。
> 对Paxel的累计计算:对Paxel内每行最大聚焦值的累计。

## 第7章　AM37x/DM37x 处理器多媒体系统

- 在垂直方向上每窗口最多 36 个 Paxel,在水平方向上每串口最多 128 个 Paxel。
- 可编程设置窗口内 Paxel 的宽度和高度。
- 可按 2×2 矩阵对红、绿、蓝位置值进行编程设置。
- 可独立设置 Paxel 的水平起点,并进行滤波。
- 在 Paxel 内,可编程增量设置垂直线数。
- 对两个双四边形并行配置 IIR 滤波器,各自系数独立,每个滤波器需要配置 11 个系数。

**(2) 自动曝光和自动白平衡引擎(AE/AWB)**

AE/AWB 引擎在对图像数据进行分段采样时做累加计算,并检测饱和值。AE/AWB 引擎处理的二维数据块对象称为 Window,一帧数据分为多个 Window,按 2×2 块对 Window 进行分段采样。AF 引擎的 Paxel 可以与 AE/AWB 引擎的 Window 重叠,但是它们之间是相互独立的。AE/AWB 引擎的功能:

- 对所有限幅像素和非饱和像素做累加计算。
- 垂直方向每 Paxel 最多 36 个 Window,水平方向每 Paxel 最多 128 个 Window。
- Paxel 黑行的起点及高度,与余下色彩的 Paxel 是独立的。
- Window 中的垂直和水平采样点是可编程的。

直方图模块从 CCDC 的视频端接口或内存中接收 RAW 图像/视频数据,在对每个像素做色彩分离增益(白平衡/通道平衡)之后,按照 CCDC 寄存器设置所指定区域对色彩、幅值做直方图统计。直方图模块支持 4 种色彩,最多同时处理 4 个区域。直方图模块的典型作用是:主机处理器利用其所得 3A 量度来调整图像处理的参数。该模块的功能特征如下:

- 输入可来自 RAW 图像传感器(CCDC 模块)或内存。
- 色彩分离增益:在做直方图计算之前会对每种颜色做数字增益处理。
- 直方图统计:对输入的 RAW 图像数据做像素直方图分组统计,每个组会统计在相应范围内的像素点的个数。如果没有饱和发生,那么各个组值之和等于输入图像总像素。直方图统计是按长方形区域对各种颜色做处理,可以是对一帧图像的统计,也可以是对连续多帧图像的统计。
- 如果像素点超过 $2^{20}-1$ 个,则像素统计可能会饱和。
- 当直方图被读取后,直方图模块内的内存将自动清空。
- 直方图模块的输出被存放在一个局部 RAM 中,可以被系统启动器读取,例如系统 DMA。

### 8. 中心资源共享缓冲逻辑

中心资源共享缓冲逻辑(SBL)接收来自 CCDC 模块、预览模块、H3A 模块、直方图模块、尺寸缩放器模块、CSI2A 模块、SCI2C 模块和 CSI1/CCP2B 模块的数据读/写请求,然后对这些请求进行仲裁,并构建对内存读/写的猝发访问。如图 7-18 所示,SBL 由一些 WBL(Write Buffer Logic)和 RBL(Read Buffer Logic)模块、仲裁逻辑组成,连接到内存的 VBUSM 总线数据宽度为 64 位。SBL 具有以下功能：

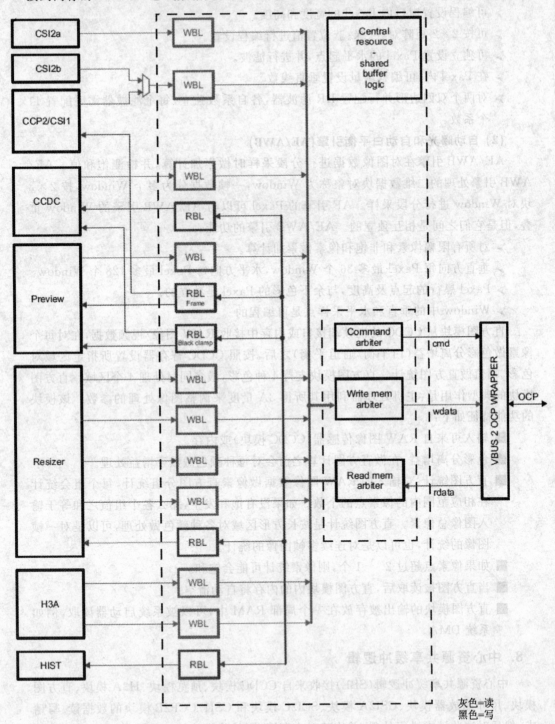

图 7-18 SBL 结构图

- 与 CCDC 模块接口：
  - 将来自 CCDC 模块的输出数据装入一个 WBL 中。
  - 将二个 RBL 中的错误像素表数据传输给 CCDC。
  - 将一个 RBL 中的镜头阴影补偿数据传输给 CCDC。与预览模块的黑框抽取数据传输功能共用一个 RBL。
- 与接收器 CSI2A、CSI2C 和 CSI1/CCP2B 接口：
  - 将来自 CSI2A 的输出数据装入到一个 WBL 中。
  - 将来自的 CSI1/CCP2B 和 CSI2C 输出数据装入到一个 WBL 中。
  - 将一个 RBL 中的数据传输给 CSI1/CCP2B。与预览模块的输入数据读取功能共用一个 RBL。
- 与预览模块接口：
  - 将来自预览模块的输出数据装入到一个 WBL 中。
  - 将一个 RBL 中的数据传输给预览引擎。与 CSI1/CCP2B 输入数据读取功能共用一个 RBL。
  - 将一个 RBL 中的黑框抽取数据传输给预览引擎。与 CCDC 的镜头阴影补偿数据传输功能共用一个 RBL。
- 与 H3A 模块接口：将来自 H3A 模块的输出数据装入到二个 WBL 中。
- 与直方图模块接口：将来自直方图模块的输出数据装入到一个 WBL 中。
- 与尺寸缩放器接口：
  - 将尺寸缩放器重输出数据装入到四个 WBL 中。
  - 将一个 RBL 中数据传输给尺寸缩放器。
- 对来自不同启动器的请求做仲裁，优先级固定。
- 对预览器、尺寸缩放器、直方图模块在内存到内存操作时的内存访问带宽做限流。

## 9. 环形缓冲器

环形缓冲器(CBUFF)通过地址转换将虚拟空间映射到物理空间上，它不修改数据，也不将数据存放在本地，其主要功能特征如下：

- 两个独立的环形缓冲 CBUFF0 和 CBUFF1。
- 将线性的虚拟地址空间映射到一个环形的物理地址空间上。
- 对所配置虚拟空间之外地址的访问是完全透明的。
- 物理缓冲的最大尺寸为 16×16 MB。
  - 物理空间由 2、4、8 或 16 个窗口组成。
  - 窗口最大为 16 MB。
- 支持多线写模式。在放大模式时，与尺寸缩放器与一起使用，每个缓冲包含图像的线数必须按垂直缩放因子向上取整。

- 支持 2D 地址模式。
- CBUFF0 支持内存碎片管理。
- 支持 VRFB 内容分组。
- 强错误检测机制。
- 缓冲地址按 64 位对齐,但窗口填充按字节计算。
- 支持读/写访问。
- 带宽控制反馈环与接收器输入相连接。

#### 10. 内存管理单元

摄像头图像 ISP 的 MMU 可提供最多 4 GB 的虚拟地址空间。其 MMU 内部有一个 TLB,用于控制当前页的属性以及地址转换。可通过配置的从端口或内部硬件表逻辑(TWL)对 TLB 实施静态管理。当发生 TLB 未命中时,内部硬件表逻辑将自动遍历页表。TWL 也可以通过 MMU.MMU_CNTL[2] TWLENABLE 来允许或禁止。

当发生 TLB 未命中时,模块的启动器将会停止,直到找到一个有效的地址转换。如果未找到有效的地址转换,将会产生一个地址转换错误中断给 MPU 处理器。由于这个错误是无法解决的,因此它将导致摄像头图像 ISP 被 MPU 处理器软件复位。

## 7.4 显示子系统

### 7.4.1 简 介

显示子系统的功能是将内存帧缓冲(SDRAM 或 SRAM)的内容提供给 LCD 平板或 TV 显示,其功能图如图 7-19 所示。该子系统包括以下部分:
- 显示控制器模块(DISPC)。
- 远程帧缓存接口模块(RFBI)。
- 显示串行接口(DSI)复合 I/O 口模块,和 DSI 协议引擎。
- DSI PLL 控制器,用于驱动一个 DSI PLL 和高速分频器。
- NTSC/PAL 视频编码器。

显示控制器和 DSI 协议引擎与 L3 和 L4 互联器相连接,RFBI 和 TV 输出编码器模块与 L4 互联器连接。

### 7.4.2 内部结构及功能

显示子系统的内部结构如图 7-20 所示,核心功能是为 LCD 和 TV 的显示提供数据通道。在其组成部分中 RFBI 模块专门用于 LCD,而 TV 视频编码器则是专门用于 TV 的。

# 第 7 章　AM37x/DM37x 处理器多媒体系统

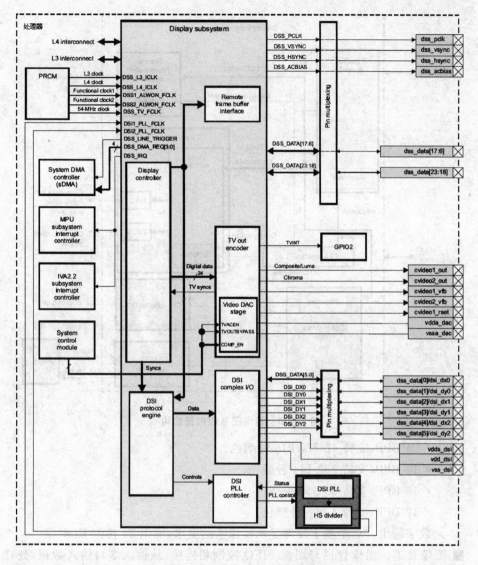

图 7-19　显示子系统的功能

## 1. 显示控制器

显示控制器用于读取和显示内存中的编码像素数据。显示控制器操作中的几个处理过程是可以配置的,用以管理图像管道(调色板、伽马表校正)和视频管道(色彩空间转换、上采样、下采样、重叠和透明处理)。显示控制器的功能特征如下:

■ 显示模式
➢ LCD 输出。显示子系统支持无源矩阵显示器和有源矩阵显示器,两种显示技术都支持单色和彩色方式。无源显示支持 3 375 种颜色,根据色深,每帧可以显示 16、256 或 3 375 种颜色。单色 LCD 可以有 15 个灰度等级。有源显示则根据色深不同,支持以下色彩数:

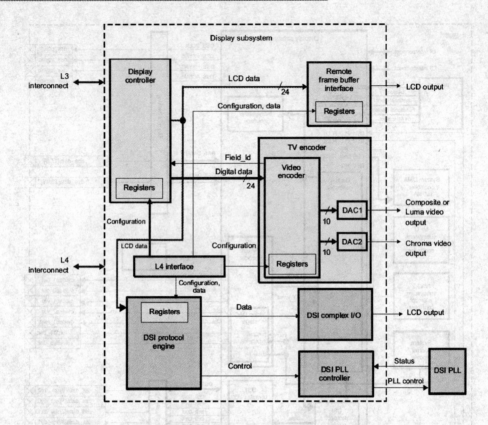

图 7-20　显示子系统内部结构

- ✓ 24 BPP，支持 16 777 216 种颜色。
- ✓ 18 BPP，支持 262 144 种颜色。
- ✓ 16 BPP，支持 65 536 种颜色。
- ✓ 12 BPP，支持 4 096 种颜色。

> 数字输出。总是基于外部显示器像素的要求，输出 24 位的 RGB 值。

■ 图像管道。图像管道与图像 FIFO 控制相连接，从输入端口输入数据，处理之后输出给两个重叠覆盖管理器（LCD 输出和数字输出）。图像管道由一个 256 项调色板和一些可编程复制逻辑组成。复制逻辑的作用是：根据用户编程将 RGB 格式像素转换为 RGB24 格式（将最高位 MSB 数据或者 0，复制给 RGB24 的最低位 LSB）。与输入端口相连接的第一个单元是复制逻辑单元，用于 RGB 像素；第二个单元则用于相关像素的调色板。

■ 视频管道。视频管道与视频 FIFO 控制相连接，从输入端口输入数据，处理后输出到两个重叠覆盖管理器（LCD 输出和数字输出）。它由重采样单元、色彩空间转换单元和一些可编程复制逻辑组成。与输入端口相连接的第一个单元是重采样单元，之后是用于 RGB 像素的复制单元，然后是用于 YUV4∶2∶2 像素的色彩空间转换单元。

# 第7章　AM37x/DM37x处理器多媒体系统

- 支持重叠覆盖。所谓重叠覆盖机制，是指根据优先级和透明色键的原理支持图像和视频的多层显示。当像素格式是 ARGB 或 RGBA 时，色彩键匹配逻辑仅使用 ARGB 或 RGBA 定义的 RGB 值，阿尔法混合因子可以被忽略。每个数据通道（一个图像通道，二个视频通道）都会被指定一个与独立显示控制输出相关的独立重叠覆盖管理器。
- 有源矩阵显示通路。该通路串行通过以下各模块，这些模块均可以被旁路。
  - 色相旋转。
  - 空间/时间色彩筛选。
  - 多周期数据格式化。
- 无源矩阵显示通路。该通路串行通过以下各模块，这些模块均可以被旁路。
  - 色相旋转。
  - 空间/时间色彩筛选。
  - 无源矩阵技术。
- 视频线缓存。视频线缓存的大小是 1 024×24 位，一共有 6 个，可以合并成三个 2 048×24 位的缓存。其最大宽度依赖于像素格式和 TAP 配置。如果 TAP 为 3，RGB16、RGB24、YUV4∶2∶2 格式对应的最大宽度为 2 048；如果 TAP 为 5，RGB16、RGB24、YUV4∶2∶2 对应的最大宽度为 1 024。
- 同步缓存更新。帧缓存和显示刷新之间的同步失调，被称为滴泪效果，将导致屏幕上所显示的图像被拉伸。为了避免滴泪效果，显示控制和缓冲更新处理之间需要一个同步机制。当显示到达一个预定义线数时，将会产生一个中断，从而进行实现同步。
- 旋转。对于 SDRAM 缓存，考虑到内存中数据的连续性，显示控制器通常以猝发方式访问编码像素。SDRAM 内存调度器 SMS 中的旋转引擎 VRFB（virtual rotated frame-buffer），通过控制虚拟地址到物理 SDRAM 地址的转换来实现旋转。使用 SMS-VRFB 可以支持 BITMAP8、RGB12（16 位容器）、ARGB16、RGB16、RGB24（32 位容器）、ARGB32、RGBA32 和 YUV4∶2∶2（YUV2 和 YUYV）格式图像的旋转，BITMAP1、BITMAP2、BITMAP4 和 RGB24（24 位容器）格式则不支持。当进行 90°和 270°旋转时，需要开启 VID DMA 优化以优化内存（DDR 存储器）传输能力。
- 支持多缓存。当某个缓存更新工作完成时，用户更新缓存基址，准备用于显示。包含缓存基址的寄存器是一个影子寄存器，缓存切换时由硬件读取。

## 2. DSI 协议引擎

DSI 协议引擎的功能是：分别或同时从视频端口、L4 互联器从端口接收数据，将其与 VC ID 封装在一起，并产生 ECC 和校验和，然后分割为字节流，使用低速或高速协议将字节流发送给 DSI_PHY。在双向显示时，DSI 协议引擎使用同样的 DSI 连接接收来自显示的数据和响应。使用多数据流交错方式，可以使同一个主 DSI 端口能支持多个显示板。DSI 协议引擎的内部结构如图 7-21 所示。

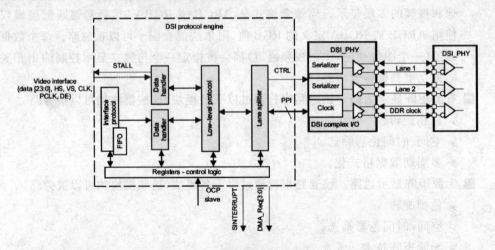

图 7-21 DSI 协议引擎的内部结构

DSI 串行接口是一个用于传输物理层数据/时钟的双向差分串行接口,当显示模块是单向的时候也可以配置为单向传输。DSI 串行接口的最大传输速度是每通道 900 Mbps,传输速度可以通过软件配置。

DSI 模块支持两种传输模式:

- 视频模式(VM):从视频端口接收像素数据,这种模式下发送数据给显示模块,有一些实时性约束,必须按照显示模块的像素频率发送像素数据。
- 命令模式(CM):从视频端口或 L4 互联器获取像素数据,这种模式没有实时性约束。除了为避免滴泪效果,要在正确的时机开始传输,并保证足够快的传输速度。

### 3. DSI PLL 控制器

DSI PLL 是一个 ADPLLM 模块,为 DSI_PHY 所提供像素时钟的频率范围是 2~68.25 MHz,其时钟输出与 DSI 复合 I/O 模块的 CLKIN4DDR 时钟一致。另外,DSI PLL 还为 HDTV 应用提供 74.25 MHz 的时钟 DFT。

HSDIVIDER 分频器模块为显示控制模块 DISPC 和 DSI 协议引擎提供时钟。

DSI PLL 控制器模块则是用于控制 DSI PLL 和 HSDIVIDER 模块的,如图 7-22 所示。DSI PLL 控制器使用串行配置端口 SCP 和电源管理端口 PMP,作为其与 DSI 协议引擎通信的基本接口。SCP 端口用于配置 DPLL 和 HSDIVIDER 模块的各种计数值,PMP 端口控制 DPLL 和 HSDIVIVER 模块的电源状态。

### 4. DSI 复合 I/O 口

DSI_PHY 是一个有 3 个单向通路的复合 I/O 模块,其中两个用于数据,一个用于时钟。每个通路有两个数据端子 DX 和 DY,这些数据端子与 DSI 接收器设备的补偿通路模块相连,用于点对点的互联。

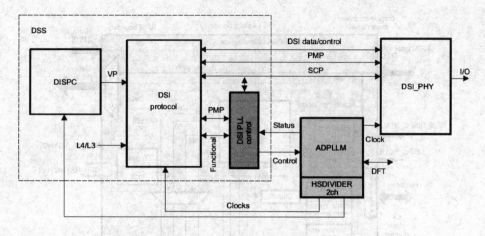

图 7-22　DSI PLL 功能结构图

通路模块支持高速猝发模式传输，同时还支持正向和反向逃脱模式。逃脱模式可用于低功耗数据传输的情况。

单个数据通路的最大传输率可达 900 Mbps。通路的功能、位置均是可配置的；每个通道都可以选择作为数据通路或者时钟通路；每个通路的 DX 和 DY 数据端子也是可配置的。

这些通路只是物理层的通路，DSI_PHY 与 DSI 的高层连接是通过 PHY 协议接口（PPI）来实现的。

### 5. 远程帧缓存接口

远程帧缓存接口（RFBI）模块从显示控制器捕获读取像素放入视频端口 FIFO 中，然后将数据送到 LCD 平板的远程帧缓存（RFB）中，其结构如图 7-23 所示。

应用程序可以配置 RFBI 模块、发送命令、读取数据，配置显示控制器将显示控制器 DMA 引擎从内存中取出的数据用于显示。命令和数据使用 8、9、12 或 16 位的并行接口发送。显示控制器可被配置为按 12、16、18 或 24 BPP 格式发送数据。视频端口 FIFO 是 24 位宽的，对于所收到的 12、16、18 或 24 BPP 格式数据，采用低位对齐方式以 24 位存放。

### 6. 视频编码器

视频编码器输入的是 24 位 4∶4∶4 RGB 格式视频数据，输出的 DAC 转换数据，其内部结构如图 7-24 所示。

在显示子系统中，显示控制器的输入总是 24 位 RGB 数据，RGB-YCbCr 色彩空间转化器将 24 位的 RGB 像素数据转换为 24 位的 YCbCr 数据；剩下的 Cb 和 Cr 成分则进行 2-1 色度抽取，以将色度的带宽和数据量减少一半。在此之后，编码器将对 4∶2∶2 数据进行 2x 插值计算，然后将亮度数据做延迟以便与色度数据同步。

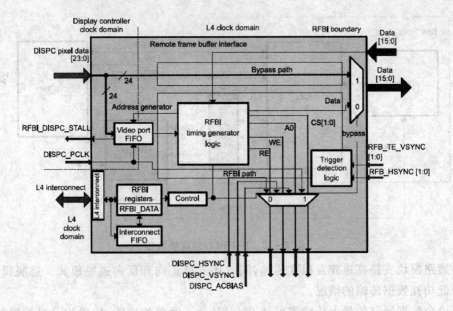

图 7-23  RFBI 模块内部结构图

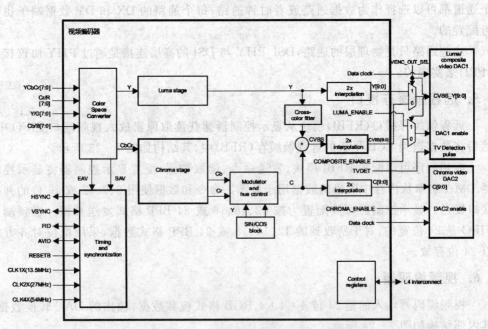

图 7-24  视频编码器内部结构图

# 第 8 章

# AM37x/DM37x 处理器通信接口

为了能与各种外部设备进行方便连接和通信,AM37x/DM37x 处理器提供了各种常用的通信接口,包括:
- 多主机高速 $I^2C$ 接口。
- HDQ/1-Wire 单总线。
- UART/IrDA/CIR 串行接口。
- 多通道 SPI。
- 多通道缓冲串行端口 McBSP。
- 高速 USB 接口。

本章将分别对以上各通信接口做介绍。由于这些通信接口都是常用接口,因此本书只介绍其功能特征,具体的工作方式及通信协议可参考相关通信接口标准。

## 8.1 多主机高速 $I^2C$ 接口

### 8.1.1 概述

AM37x/DM37x 处理器带有四个多主机高速 $I^2C$ 接口控制器(HS I2Ci,其中 i = 1,2,3 或 4)。每个 $I^2C$ 控制器都可以作为主机,使得 AM37x/DM37x 处理器可以通过 $I^2C$ 总线与各种 $I^2C$ 兼容设备进行通信。

每个 HS $I^2C$ 控制器都可以被配置为主 $I^2C$ 设备或从 $I^2C$ 设备。另外,每个 HS $I^2C$ 控制器都可以被配置为串行摄像头控制总线模式(SCCB,Omnivision 由公司开发的串行总线),作为 2 线 SCCB 总线的主机工作。只有 HS I2C2 和 HS I2C3 可以被配置为 3 线 SCCB 总线主机。

HS I2C4 控制器在 PRCM 模块中,用于动态电压和功耗的控制。

HS I2C 控制器在处理器中的功能及内部基本结构如图 8-1 所示。

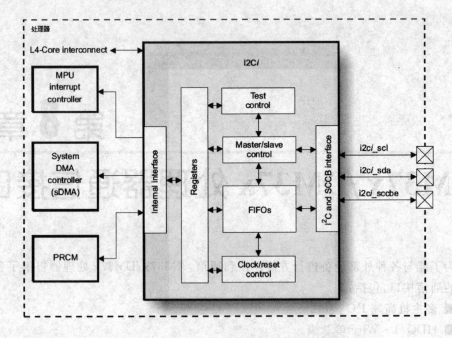

图 8-1 HS I2Ci 控制器功能及内部结构图

## 8.1.2 功能特征

HS I2Ci(i=1,2,3)控制器具有如下功能特征:
- 兼容 NXP I2C 2.1 标准。
- 支持标准模式(最高速率 100 kbps)和快速模式(最高速率 400 kbps)。
- 支持高速模式,最高速率为 3.4 Mbps。
- HS I2C2 和 HS I2C3 支持 3 线/2 线 SCCB 主机模式;HS I2C1 支持 2 线 SCCB 主机模式;最高速率为 100 kbps。
- 支持 7 位和 10 位设备编址模式。
- 支持广播方式。
- 具有 Start/restart/stop 控制条件。
- 支持多主发送器/从接收器工作模式。
- 支持多主接收器/从发送器工作模式。
- 支持主机发送/接收和接收/发送模式的组合。
- 内置 FIFO(8、16、32、64 字节)用于读/写缓冲。
- 具有模块允许和禁止功能。
- 时钟的生成是可编程的。
- 数据访问宽度为 8 位。
- 低功耗设计。

# 第8章 AM37x/DM37x处理器通信接口

- 2个DMA通道。
- 每个 HS I²C 都可产生一个给 MPU 子系统的中断 I2Ci_IRQ,每个中断对应多种 I²C 事件。
- 自动空闲机制。
- 空闲请求/空闲响应握手机制。

主发送器 HS I2C4 控制器的功能特征如下：
- 支持高速和快速模式。
- 只支持7位编址模式。
- 只支持主发送器模式。
- 具有 Start/restart/stop 控制条件。

## 8.2 HDQ/1-Wire 总线模块

### 8.2.1 概 述

AM37x/DM37x 处理器带有一个 HDQ/1-Wire 总线模块,实现了 Benchmarq HDQ 主机功能的硬件协议和 1-Wire 总线协议。这两个协议用于 HDQ/1-Wire 主控制器和 HDQ/1-Wire 外部兼容设备之间的单线通信,都是具有归 1 机制的单线协议。

1-Wire 总线是一种单主机多从机的单总线系统,在一条 1-Wire 总线上可挂接的从器件数量几乎不受限制。为了不引起逻辑上的冲突,所有从器件的 1-Wire 总线接口都是漏极开路的,因此在使用时必须对总线外加上拉电阻(一般 5 kΩ 左右)。主机对 1-Wire 总线的基本操作分为复位、读和写 3 种,其中所有的读/写操作均为低位在前高位在后。

AM37x/DM37x 处理器内的 HDQ/1-Wire 总线模块仅用于 MPU,其典型应用是与电池能量监测器进行通讯。HDQ/1-Wire 总线模块在处理器中的功能如图 8-2 所示。

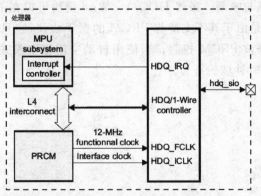

图 8-2 HDQ/1-Wire 总线模块功能图

HDQ/1-Wire 总线模块有一个通用 L4 互联器接口，用于为中断处理提供通信；其输出 hdq_sio 为漏级开路输出。HDQ/1-Wire 总线模块的工作时钟固定为 12 MHz，由 PRCM 模块提供。

## 8.2.2 功能特征

The HDQ/1-Wire 模块能提供 5 kbps 的传输速率，地址空间为 128 字节，其主要功能特征如下：

- 支持 Benchmarq HDQ 协议，HDQ 模式为默认的工作模式。在 HDQ 模式下，无需主机产生一个初始化脉冲给从机，但是主机也可以通过一个初始化脉冲来复位从机。从机收到初始化脉冲之后只是做好接收的准备，并不对该脉冲返回响应。典型的写操作是发送两个字节给从机，第一个字节为命令/地址字节，第二个字节则为需要写的数据。典型的读操作是主机发送一个命令/地址字节给从机，从机返回一个数据字节。HDQ 协议是一个基于字节的协议，它不支持单位模式(Single-Bit Mode)。
- 支持 1-Wire 总线协议。在 1-Wire 模式下，主机需要通过初始化脉冲来实现与从机的连接，从机收到初始化脉冲之后会返回响应。由于 1-Wire 协议是一个基于位的协议，因此从机必须根据主机的时钟一位一位地读/写。1-Wire 协议支持单位模式。
- 支持省电模式。
    - 自动空闲模式。HDQ/1-Wire 模块提供了在其互联时钟域内的自动空闲省电功能。当此功能被允许时，若互联接口没有活动，则模块内部时钟 HDD_ICLK 被禁止，以降低功耗。当互联接口活动时，内部时钟被重启，没有延迟。系统启动后，默认情况是关闭此模式的，可以编程允许或禁止该模式，推荐使用此模式。
    - 断电模式。HDQ/1-Wire 模块还提供了在其功能时钟域内的断电模式，可以通过软件关闭或开启内部时钟 HDD_ICLK。
- 系统功耗管理与唤醒。虽然 HDQ/1-Wire 模块可以在 PRCM 的要求下进入空闲状态，但是由于其不支持与 PRCM 的握手协议，它只能作为 L4 互联器时钟域的一部分被 PRCM 控制。当使用自动空闲省电模式时，该模块的行为遵循 L4 互联器时钟域的行为。

## 8.3 UART/IrDA/CIR 通信模块

### 8.3.1 概 述

AM37x/DM37x 处理器内包含有 4 个由 MPU 控制的串行同步收发器 UARTi (i=1、2、3、4)模块。

- UART1、UART2 和 UART4 模块只能作为 UART 设备使用,而且 UART1 和 UART2 还必须被编程设置为 UART 运行模式。
- UART3 模块除了可以被当作 UART 使用之外,还可以当作红外通信接口 IrDA 和消费者红外通信接口 CIR。

UART/IrDA/CIR 通信模块在处理器中的功能如图 8-3 所示。

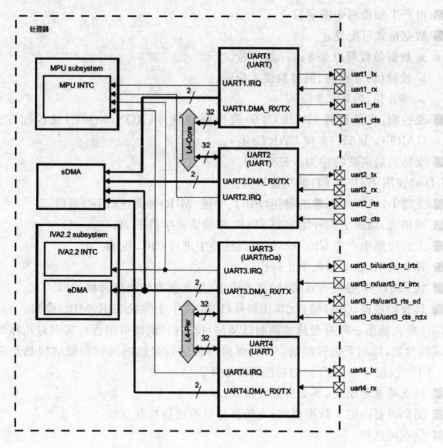

图 8-3  UART/IrDA/CIR 通信模块功能图

## 8.3.2 功能特征

UART(UART1，UART2，UART3，当UART4工作在UART模式时)的功能特征：
- 兼容16C750标准。
- 接收器和发送器各有64字节的FIFO。
- FIFO的中断触发方式可编程。
- 波特率是通过对48 MHz功能时钟进行分频得到,分频系数$N(N = 1\sim16\,384)$可编程。
- 可以编程设置过采样系数为16或13,波特率计算方式如下：
  - 波特率＝（功能时钟/16）/N
  - 波特率＝（功能时钟/13）/N
- 可产生和检测中断字符。
- 数据格式可配置：
  - 数据位数可以是5、6、7或8位。
  - 校验位：奇校验、偶校验或无校验。
  - 停止位：1、1.5、2位。
- 流控制：支持硬件（RTS/CTS）流控制和软件（XON/XOFF）流控制方式（仅UART1，UART2和UART3有）。
- 支持的最高波特率为3 686 400。

IrDA(仅用于UART3)的功能特征：
- 支持IrDA 1.4标准的慢速（SIR）、中速（MIR）和高速（FIR）通信。
- 帧格式：增加了帧开始字符xBOF和帧结束字符EOF。
- 上行线路中产生CRC校验,下行线路中进行CRC校验。
- 异步透明（自动插入中止符）。
- 状态FIFO（触发方式可选）有8个项,用于监测帧长度和帧错误。
- 具有帧错误、CRC错误、非法符号（FIR）或中止模式（SIR，MIR）检测。

CIR模式使用一种可变脉宽调制（PWM）技术（其周期可编程）,实现对几种红外编码格式的封装,以用于远程控制。CIR电路所传输数据包的内容和帧结构都是用户定义的。CIR(仅用于UART3)的功能特征如下：
- 仅支持发送模式,不支持接收模式。
- 用户可自由定义数据格式,支持各种私有远程控制标准。
- 位率可选择。
- 载波频率可配置。
- 占空比可以为1/2、5/12、1/3或1/4。

## 8.4 多通道 SPI 接口

### 8.4.1 概 述

AM37x/DM37x 处理器有 4 个多通道 SPI 接口(McSPI)模块,分别记为 SPIi(i=1、2、3、4)。多通道 SPI 接口是一种主/从同步串行总线,处理器内的 4 个 McSPI 模块如图 8-4 所示。其中,SPI1 最多支持连接 4 个外设(也就是 4 个通道),SPI2 和 SPI3

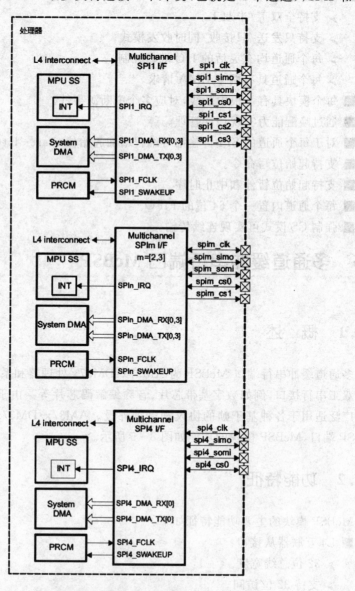

图 8-4 McSPI 模块功能图

支持最多连接 2 个外设,而 SPI4 则只支持连接 1 个外设。

## 8.4.2 功能特征

McSPI 模块的功能特征如下:
- 每个通道串行时钟的频率、极性和相位都是可编程。
- SPI 字长范围很宽,可以从 4~32 位。
- 最多四个主通道,或一个从通道。
- 主机多通道模式:
  - 支持全双工/半双工。
  - 支持只发送/只接收/同时收发模式。
  - 每个通道均有灵活的 I/O 端口控制。
  - 每个通道具有两个 DMA 请求。
- 每个模块具有一根中断线,对应多个中断源事件。
- 通过唤醒能力实现功耗管理。
- 对于每个通道的 SPI 传输都可编程增加起始位 Start – bit(起始位模式)。
- 支持起始位写命令。
- 支持起始位暂停和中止时序。
- 每个通道内置一个 64 位的 FIFO。
- 强制 CS 模式可实现连续传输。

## 8.5　多通道缓冲串行端口 McBSP

### 8.5.1　概　述

多通道缓冲串行端口 McBSP 为 AM37x/DM37x 处理器和系统内其他处理器提供一个双工串行接口,例如数字基带芯片、音频编解码芯片等。由于其具有高度灵活性,因此广泛适用于各种基于帧的协议和多种外设。AM37x/DM37x 处理器共包含 5 个 McBSP 端口,McBSP 模块的功能如图 8 – 5 所示。

### 8.5.2　功能特征

McBSP 模块的主要功能特征如下:
- L4 互联器从接口。
  - 32 位总线宽度。
  - 支持 32 位访问。

# 第 8 章 AM37x/DM37x 处理器通信接口

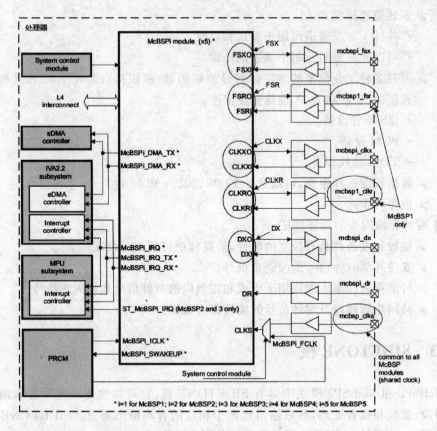

图 8-5 McBSP 模块功能图

- 仅数据寄存器支持 16/8 位访问。
- 10 位地址总线宽度。
- 不支持猝发访问。
- 支持写非滞后处理模式。
■ McBSP1、3、4、5 的每个收/发操作都有 128×32 位(512 字节)的缓存。
■ McBSP2 的每个收/发操作有 5 KB 的缓存,其中 1 024×32 位用于音频缓存,256×32 位用于其他缓存。
■ 在遗留模式(2 个中断请求)或 PRCM 兼容模式(1 个中断请求)中,中断均可配置。
■ 接收和发送的 DMA 请求,根据是否达到可编程 FIFO 阈值来触发。
■ SIDETONE 核支持音频回送功能(仅 McBSP2 和 3 支持)。
■ 支持多支路。
■ 串行接口的特征:
- 配置 6 引脚(仅 McBSP 1)。
- 配置 4 引脚(McBSP2、3、4、5)
- 全双工通信。

- 多通道选择模式。
  - ✓ 共计 128 个通道可用于发送和接收。
  - ✓ 可以允许或阻止每个通道的传输。
- 可与多种工业标准的多媒体信号编解码器、模拟接口芯片 AIC 和其他串行连接的 A/D 和 D/A 设备直接相连。
  - ✓ I2S 兼容设备。
  - ✓ PCM 设备。
  - ✓ TDM 总线设备。
- 数据长度选择很宽,可以是 8、12、16、20、24 和 32 位。
- 位序可重排。

■ 时钟和帧同步的功能特征:
- 接收和发送都具有独立的时钟,最高频率可到 48 MHz。
- 支持外部时钟信号的帧同步信号。
- 可编程采样率生成器用于生成和控制内部时钟信号和帧同步信号。
- 帧同步脉冲以及时钟信号的极性都可编程。

## 8.5.3 SIDETONE 核

McBSP2 和 McBSP3 模块中具有 SIDETONE 核,它可以实现对两个音频输入通道的回放、滤波和混音处理,然后输出到两个相应的音频输出通道。SIDETONE 核的功能如图 8-6 所示,主要是分别对两个通道做数据处理。

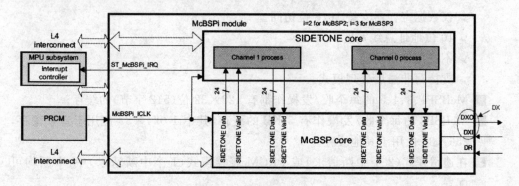

图 8-6 SIDETONE 核功能图

SIDETONE 核的功能特征如下:
■ 两个通道使用共同的滤波系数,滤波系数表示为 $-1 \sim +1$ 之间。
■ 两个通道的增益系数相互独立,增益系数为 $-2 \sim +2$ 之间。
■ 数据滤波之后进行增益处理,对所得到结果,再根据输出通道字长做整数处理。
■ FIR 滤波器长度为 128 采样点。

- 滤波回送信号叠加到相应的输出信号上，如果超出范围则进行饱和处理。
- 滤波系数和增益系数是可编程的。
  - 当音频停止时，可以修改滤波系数。
  - 增益系数在任何时候都可以修改，当 SIDETON 核正在处理音频时也可以。

## 8.6  USB OTG 控制器和 USB 主机子系统

AM37x/DM37x 处理器内包含两个 USB 模块：
- 高速 USB OTG 控制器。
- 高速 USB 主机子系统。

它们在处理器中的功能如图 8-7 所示，本节将分别对其做简要介绍。

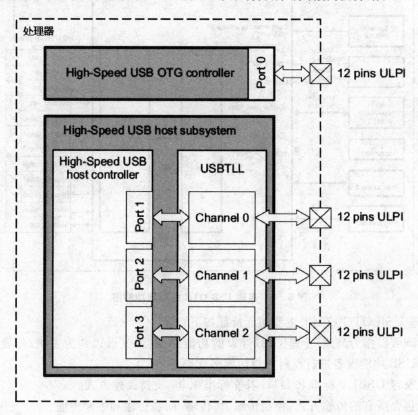

图 8-7  AM37x/DM37x 处理器内的 USB 模块

### 8.6.1  高速 USB OTG 控制器

高速 USB OTG 双角色设备(DRD, dual-role-device)连接控制器，可支持以下工作模式：

- USB2.0 外设(功能控制器),支持高速和全速方式,传输速度分别为 480 Mbps 和 12 Mbps。
- USB2.0 主机,支持高速、全速和慢速方式,传输速度分别为 480 Mbps、12 Mbps 和 1.5 Mbps。虽然只有一个下行流端口,但是当外部连接一个 HUB 时具有多支路的能力。
- USB2.0 OTG 双角色设备,支持高速和全速方式,支持 HNP(Host Negotiation Protocol)协议和 SRP(Session Request Protocol)协议。

如图 8-8 所示,高速 USB OTG 控制器支持一个 USB 端口,使用 ULPI(接口模式连接片外收发器(12 引脚/8 位数据 SDR 模式)。

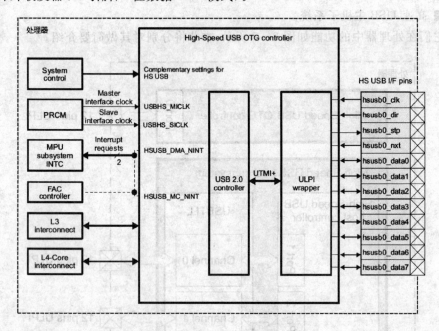

图 8-8 高速 USB OTG 控制器功能图

高速 USB OTG 控制的主要功能特征如下:
- 既可以作为高速/全速 USB 外设的功能控制器,又可以作为主机/外设与其他 USB 功能设备进行点对点通信或多支路通信。
- 兼容 USB2.0 标准和 OTG 补充标准 1.0a,支持高速方式。
- 包含所有的传输方式:控制传输、块传输、同步传输和中断传输。
- 支持 SRP 协议和 HNP 协议。
- 支持挂起/恢复和远程唤醒。
- 支持高带宽的同步传输和中断传输。
- 包含一个物理层接口:ULPI 接口,12/8 引脚版本。
- 15 个发送端点、15 个接收端点,外加一个控制端点 0。
- 每个端点都有自己的 FIFO,具备如下属性:

- 一个单独的 16 KB 的内部 RAM。
- 可以通过软件动态修改 FIFO 的大小。
- 可配置保存多个数据包(每个 FIFO 最多 8 192 个字节)。
- 可以通过 DMA 控制器访问。

■ 软件控制与外设的连接和断开。
■ 硬件完成所有的事务调度。

## 8.6.2 高速 USB 主机子系统

高速 USB 主机子系统由高速多端口 USB 主机控制器和一个 USBTLL 模块组成，如图 8-9 所示。其中，高速多端口 USB 控制器包含二个可并行操作的独立 3 端口主机控制器：

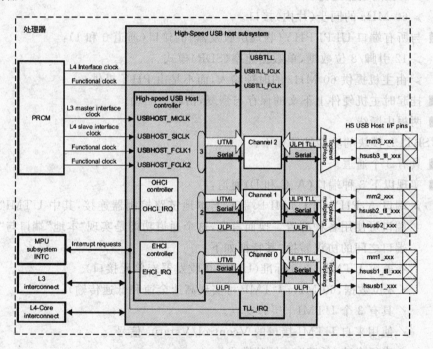

图 8-9 高速 USB 主机子系统功能图

■ 基于 USB1.0 增强主机控制接口 EHCI 标准的 EHCI 控制器，工作在 ULPI/UTMI 接口之前，负责高速传输(480 Mbps)。
■ 基于 USB1.0a 开放主机控制接口 OHCI 标准的 OHCI 控制器，工作在串行接口之前，负责全速和低速传输(12/1.5 Mbps)。

在任意时刻，3 个外部端口都必须明确地由某一个控制器拥有。

USBTLL 模块是一个高速 USB ULPI 无收发器链路逻辑(TLL)适配器，兼容几种 USB 标准接口协议。它由 3 个 USB 数据通道组成，将来自高速 USB 主机控制器的

UTMI 接口协议数据转换为 ULPI 接口标准。

每个 USB 端口(1、2 或 3)既可以与一个外部 USB 收发器连接,也可以直接使用无收发器链路与一个支持同样 TLL 协议的外部电路连接。

高速多端口 USB 主机控制器的功能特征如下:
- 兼容 USB2.0 标准的高速功能。
- 可以低速、全速和高速方式运行。
- 3 个下行流端口(3 端口根 Hub)。
- 兼容 EHCI(高速主机控制器)。
- 兼容 OHCI(低速/全速主机控制器)。
- 支持挂起/恢复和远程唤醒。
- 与 USBTLL 所有端口 A(UTMI+)的接口:
  - 8 位的数据通路。
  - 60 MHz 的同步(片内)接口。
- 与所有端口 ULPI PHY(物理层收发器)的接口(通道 0 和 1):
  - 12 引脚/8 位数据,单数据速率(SDR)模式。
  - 由主机提供 60 MHz 的时钟输入,而不是由 PHY 提供。
- 挂起时主机硬件上下文的保存与恢复,由硬件驱动。
- 两根中断线。

USBTLL 模块的功能特征如下:
- 具有 3 个通道。
- 实现以下 3 种端口(A、C 和 D)通道:
  - 端口 A:PHY 侧 UTMI+端口,与本地链路控制器连接,其中 UTMI"本地"端口可使用各种配置。换而言之,这个通道功能是实现"本地"端口与"远程"端口之间的协议转换,其特征如下:
    - 兼容 UTMI+1.0 标准(USB2.0 收发器宏单元接口)。
    - 8 位数据,60 MHz UTMI(可实现高速全速和低速传输)。
    - 具有 3 个 UTMI+层分支点。
    - 使用来自 UTMI 接口的 Vcontrol/Vstatus 信号。
    - 串行全速/低速"6 引脚"模式。
  - 端口 C:PHY 侧 ULPI 端口。通过 I/O 引脚与远程(片外)ULPI 链路控制器连接。
    - 支持单数据速率 SDR 和双数据速率 DDR,分别为 8 位和 4 为的数据带宽模式。
    - 6 引脚/3 引脚模式可选。
  - 端口 D:串行多模式端口。既可以与串行链路控制器(TLL 模式)连接,也可以与串行 PHY(PHY 接口模式)连接。
    - 支持 6 引脚单向、4 引脚双向、3 引脚双向和 2 引脚双向模式。

# 第 8 章　AM37x/DM37x 处理器通信接口

- ✓ 所有模式都支持 TLL 模式配置和 PHY 接口模式配置。
- ✓ 支持边带信号(上拉/下拉控制、加速/挂起允许等信号)。
- ✓ 一根中断线。

USB 端口信号引脚接口支持：

■ 外部 USB 收发器
  - ➤ ULPI 接口：12 引脚/8 位数据 SDR 版本；ULPI 时钟由设备提供。
  - ➤ 串行 6 引脚 PHY(收发器)接口：6 引脚模式(TX：DAT/SE0 或 TX：DP/DM 单向模式)、4 引脚模式(DP/DM 双向模式)、3 引脚模式(DAT/SE0 双向模式)。

■ TLL 模式
  - ➤ ULPI TLL 接口：12 引脚/8 位数据 SDR 版本，和 8 引脚/4 位数据 DDR 版本。
  - ➤ 串行 6 引脚 TLL 接口：6 引脚模式(DAT/SE0 和 DP/DM 单向模式)、4 引脚模式(DP/DM 单向模式)、3 引脚模式(DAT/SE0 双向模式)和 2 引脚模式(DAT/SE0 和 DP/DM 双向模式)。

# 第 9 章
# DevKit8500 评估套件

　　DevKit8500 评估套件是深圳市英蓓特科技有限公司推出的基于德州仪器(TI) AM3715/DM3730 处理器的评估套件。AM3715/DM3730 处理器集成了高达 1 GHz 的 ARM Cortex-A8 内核及高达 800 MHz 的具有高级数字信号处理的 DSP 核(若配置 DM3730),并提供了丰富的外设接口。DevKit8500 评估板功能模块如图 9-1 所示,外扩了网口、S-VIDEO 接口、音频输入输出接口、USB、TF 接口、串口、SPI 接口、I²C 接口、JTAG 接口、CAMERA 接口、TFT 屏接口、触摸屏接口、键盘接口、HDMI 接口。

　　本章将对 DevKit8500 评估板做简要介绍,详细的原理电路图、外围芯片数据手册可从评估套件所带光盘中获取。

　　DevKit8500 评估套件有两种版本:
- Devkit8500A:CPU 基于 AM3715。
- Devkit8500D:CPU 基于 DM3730。

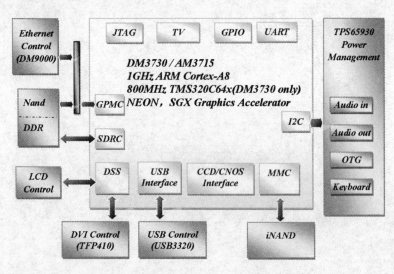

图 9-1　DevKit8500 评估板功能模块图

# 第 9 章　DevKit8500 评估套件

Devkit8500 评估板的功能特性如下：
- 电气参数
  - 工作温度：−40～85℃（芯片支持）。
  - 环境湿度：20%～90%，非冷凝。
  - 机械尺寸：136.2 mm×105.3 mm。
  - 电气指标：+5 V 电源供电。
- 处理器为 AM3715 或 DM3730。
- 存储器
  - 512 MB 32 位 DDR SDRAM。
  - 512 MB 16 位 NAND Flash。
  - 2 GB 4 位 iNAND（可选配置，默认不焊接）。
- 音频/视频接口
  - 一个 S-VIDEO 接口。
  - 一个 HDMI(DVI-D) 接口。
  - 一个音频 3.5 mm 输入接口。
  - 一个双声道音频 3.5 mm 输出接口。
- 液晶触摸屏接口
  - 24 位真彩色。
  - 分辨率支持高达 2 048×2 048。
  - 4 线触摸屏。
- 通信接口
  - 串口：
    - ✓ UART1,5 线串口,TTL 电平。
    - ✓ UART2,5 线串口,TTL 电平。
    - ✓ UART3,5 线串口,RS232 电平。
  - USB 接口：
    - ✓ 1 个 USB2.0 OTG,高速,480 Mbps。
    - ✓ 4 个 USB2.0 HOST,高速,480 Mbps。
  - TF 卡接口。
  - 10/100 Mbps RJ45 网络接口。
  - 1 路 McSPI 接口。
  - 1 路 McBSP 接口。
  - 1 路 $I^2C$ 接口。
  - 1 路 HDQ 接口（单总线接口）。
- 输入输出接口
  - 1 路 CAMERA 接口。
  - 6×6 键盘接口。

> 14 针标准 JTAG 接口。
> 4 个按键(2 个用户按键,1 个复位按键,1 个休眠唤醒按键)。
■ LED 指示灯
> 1 个电源指示灯。
> 2 个系统指示灯。
> 2 个用户自定义灯。
> 4 个 USB Host 指示灯。
> 1 个 USB Hub 指示灯。

## 9.1 外围芯片

DevKit8500 评估板上除了 AM 3715/DM 3730 处理器之外,还有一些外围功能芯片,以实现各种相关功能。

### 9.1.1 TPS65930

TPS65930 是用于 OMA 系列的电源管理芯片,功能包括电源管理控制器、USB 高速传输控制、LED 驱动控制、模数转换(ADC)、实时时钟(RTC)和嵌入式时钟管理(EPC)等。另外,TPS65930 还包括完整的两路数/模转换音频信号和两个 ADC 双语音频道、一路标准的音频采样率(I2S)/时分复用(TDM)接口,可以在立体声下行通道播放标准的音频。

TPS65930 与 CPU 之间使用 $I^2C$ 协议通信,其主要的作用是将 1.2 V、1.8 V 提供给 CPU,让 CPU 正常运作,TPS65930 还有 Audio in、Audio out、OTG PHY、Keyboard、ADC、GPIO 功能。

### 9.1.2 MT29C4G96MAZAPCJA-5

MT29C4G96MAZAPCJA-5 是 NAND Flash 与 SDRAM DDR 二合一的存储用芯片,大小各为 512 MB。其中的 NAND Flash 是通过 GPMC 总线来实现数据访问,而 DDR 则是使用 SDRAM Controller(SDRC)实现数据访问。

### 9.1.3 DM9000

DM9000 是低功耗、高集成的快速以太网控制器,其包括一路 10/100M PHY 和 4K DWORD SRAM。该芯片支持 3.3 V 与 5 V 的 I/O 接口。

DevKit8500 使用的是 DM9000 的 10/100M 自适应网络接口。DM9000 内置的 10/100M Ethernet 模块,兼容 IEEE 802.3 标准协议。网线接口为标准的 RJ45,并且

带有连接指示灯和传输指示灯。

通过 DM9000,DevKit8500 可通过直通网线连接到网络 hub 上,也可用交叉网线与 PC 直接相连。

### 9.1.4 FE1.1

FE1.1 是 USB 2.0 高速 4 端口集线器模块,通过 USB3320 扩展出 4 路 USB 接口,将一路 480 Mbps 平分为四路 120 Mbps;方便扩展,同时也支持高速(480 MHz)、全速(12 MHz)和低速(1.5 MHz)模式。

### 9.1.5 TFP410

TFP410 是 TI 公司的 PanelBus 平板显示产品,是终端至终端 DVI1.0 解决方案的一部分,主要用于 PC 行业与消费类电子行业。

TFP410 提供与多数图形控制器无胶合连接的通用接口,接口的优点是可选择总线宽度;可适应不同的电平信号;可使用差分或边沿时钟。其 1.1~1.8 V 范围内可调节的数字接口,为 12 位或 24 位接口提供无缝连接的高速、低电磁干扰总线。DVI 接口为平板显示,提供最高可达 165 MHz、24 位真彩格式 UXGA 的支持。

### 9.1.6 MAX3232

MAX3232 的功能主要是将 TTL 电平转换为 RS232 电平,以适应与 PC 的 RS232 串口相互通信。

Devkit8500 使用 UART3 作调试串口,因 CPU 的 UART3 默认电压是 1.8 V,因此需将电压转换为 3.3 V,方可满足外部使用。

## 9.2 外围接口

DevKit8500 评估板提供了丰富的外围接口,如图 9-2 所示,本节将详细介绍这些接口(详细如表 9-1 所列),以便读者在后续章节中使用。电源输入接口如表 9-2 所列。电源输出接口如表 9-3 所列。电源开关如表 9-4 所列。JTAG 接口如表 9-5 所列。TF 卡接口如表 9-6 所列。矩阵键盘接口如表 9-7 所列。音频输入接口如表 9-8所列。音频输出接口如表 9-9 所列。

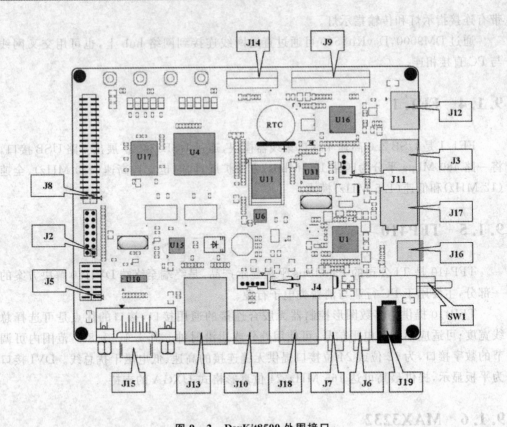

图 9-2 DevKit8500 外围接口

表 9-1 DevKit8500 外围接口列表

| 接口编号 | 描述 | 接口编号 | 描述 |
| --- | --- | --- | --- |
| J2 | JTAG 接口 | J12 | HDMI 接口 |
| J3 | TF 卡接口 | J13 | 以太网口 |
| J4 | 电源输出接口 | J14 | 摄像头接口 |
| J5 | 矩阵键盘接口 | J15 | 串行接口 |
| J6 | 音频输入接口 | J16 | USB OTG 接口 |
| J7 | 音频输出接口 | J17 | USB HOST 接口 2 |
| J8 | 扩展接口 | J18 | USB HOST 接口 3,4 |
| J9 | LCD 接口 | J19 | 电源输入接口 |
| J10 | S-Video 接口 | SW1 | 电源开关 |
| J11 | USB HOST 接口 1 | | |

# 第9章 DevKit8500 评估套件

表9-2 电源输入接口 J19

| 引脚 | 信号 | 描述 |
|---|---|---|
| 1 | GND | GND |
| 2 | +5 V | 电源+5 V,2 A |
| 3 | NC | NC |

表9-3 电源输出接口 J4

| 引脚 | 信号 | 描述 |
|---|---|---|
| 1 | VDD50 | 5 V 输出 |
| 2 | NC | NC |
| 3 | VDD33 | 3.3 V 输出 |
| 4 | ADCIN | ADC 输入 |
| 5 | GND | GND |

表9-4 电源开关 SW1

| 引脚 | 信号 | 描述 |
|---|---|---|
| 1 | DC IN | VDD 输入 |
| 2 | VDD50 | +5V |
| 3 | NC | NC |

表9-5 JTAG 接口 J2

| 引脚 | 信号 | 描述 | 引脚 | 信号 | 描述 |
|---|---|---|---|---|---|
| 1 | TMS | 测试模式选择 | 8 | GND | GND |
| 2 | NTRST | 测试系统复位 | 9 | RTCK | 接收测试时钟 |
| 3 | TDI | 测试数据输入 | 10 | GND | GND |
| 4 | GND | GND | 11 | TCK | 测试时钟 |
| 5 | VIO | 1.8V | 12 | GND | GND |
| 6 | NC | NC | 13 | EMU0 | 测试仿真0 |
| 7 | TDO | 测试数据输出 | 14 | EMU1 | 测试仿真1 |

表9-6 TF 卡接口 J3

| 引脚 | 信号 | 描述 |
|---|---|---|
| 1 | DAT2 | 卡数据2 |
| 2 | DAT3 | 卡数据3 |
| 3 | CMD | 命令信号 |
| 4 | VDD | VDD |
| 5 | CLK | 时钟 |
| 6 | VSS | VSS |
| 7 | DAT0 | 卡数据0 |
| 8 | DAT1 | 卡数据1 |
| 9 | CD | 卡选择 |

表9-7 矩阵键盘接口 J5

| 引脚 | 信号 | 描述 |
|---|---|---|
| 1 | KC0 | 矩阵键盘第0列输出 |
| 2 | KR0 | 矩阵键盘第0行输入 |
| 3 | KC1 | 矩阵键盘第1列输出 |
| 4 | KR1 | 矩阵键盘第1行输入 |
| 5 | KC2 | 矩阵键盘第2列输出 |
| 6 | KR2 | 矩阵键盘第2行输入 |
| 7 | KC3 | 矩阵键盘第3列输出 |
| 8 | KR3 | 矩阵键盘第3行输入 |
| 9 | KC4 | 矩阵键盘第4列输出 |
| 10 | KR4 | 矩阵键盘第4行输入 |
| 11 | KC5 | 矩阵键盘第5列输出 |
| 12 | KR5 | 矩阵键盘第5行输入 |
| 13 | VDD18 | 1.8V |
| 14 | GND | GND |

表 9-8  音频输入接口 J6

| 引脚 | 信号 | 描述 |
| --- | --- | --- |
| 1 | GND | GND |
| 2 | NC | NC |
| 3 | MIC MAIN P | 右输入 |
| 4 | NC | NC |
| 5 | MIC MAIN N | 左输入 |

表 9-9  音频输出接口 J7

| 引脚 | 信号 | 描述 |
| --- | --- | --- |
| 1 | GND | GND |
| 2 | NC | NC |
| 3 | Right | 右输出 |
| 4 | NC | NC |
| 5 | Left | 左输出 |

扩展接口用于方便用户扩展和调试其他外围设备,该接口包含了处理器的各种主要信号,如表 9-10 所列。

表 9-10  扩展接口 J8

| 引脚 | 信号 | 描述 | 引脚 | 信号 | 描述 |
| --- | --- | --- | --- | --- | --- |
| 1 | GND | GND | 21 | GPIO_56 | GPIO_56 |
| 2 | BSP1_DX | BSP 发送串行信号 1 | 22 | GPIO_61 | GPIO_61 |
| 3 | BSP1_DR | BSP 接收串行信号 1 | 23 | GPIO_65 | GPIO_65 |
| 4 | BSP1_CLKR | BSP 接收时钟 | 24 | BSP3_DX | BSP 发送串行数据 3 |
| 5 | BSP1_FSX | BSP 发送帧同步 1 | 25 | BSP3_DR | BSP 接收串行数据 3 |
| 6 | BSP1_CLKX | BSP 接收时钟 1 | 26 | BSP3_CLKX | 发送时钟 3 |
| 7 | BSP1_CLKS | BSP 外部时钟输入 1 | 27 | BSP3_FSX | 发送帧同步 3 |
| 8 | BSP1_FSR | BSP 接收帧同步 1 | 28 | GND | GND |
| 9 | UART1_CTS | UART1 清发送请求 | 29 | I2C3_SCL | I2C3 主时钟 |
| 10 | UART1_RTS | UART1 请求发送 | 30 | I2C3_SDA | I2C3 数据线 |
| 11 | UART1_RX | UART1 接收数据 | 31 | SPI1_SIMO | SPI1 从输入主输出 |
| 12 | UART1_TX | UART1 发送数据 | 32 | SPI1_SOMI | SPI1 从输出主输入 |
| 13 | GND | GND | 33 | SPI1_CLK | SPI1 时钟 |
| 14 | GPIO_136 | GPIO_136 | 34 | SPI1_CS0 | SPI 允许 0 |
| 15 | GPIO_126 | GPIO_126 | 35 | SPI1_CS3 | SPI 允许 3 |
| 16 | GPIO_137 | GPIO_137 | 36 | HDQ_SIO | 双向 HDQ |
| 17 | GPIO_129 | GPIO_129 | 37 | VDD33 | 3.3V |
| 18 | GPIO_138 | GPIO_138 | 38 | VDD18 | 1.8V |
| 19 | GPIO_55 | GPIO_55 | 39 | VDD50 | 5V |
| 20 | GPIO_139 | GPIO_139 | 40 | GND | GND |

TFT_LCD 接口如表 9-11 所列。

表 9-11  TFT_LCD 接口 J9

| 引脚 | 信号 | 描述 | 引脚 | 信号 | 描述 |
|---|---|---|---|---|---|
| 1 | DSS_D0 | LCD 像素数据位 0 | 26 | DSS_D23 | LCD 像素数据位 23 |
| 2 | DSS_D1 | LCD 像素数据位 1 | 27 | GND | GND |
| 3 | DSS_D2 | LCD 像素数据位 2 | 28 | DEN | 交流偏磁控制(STN)或像素数据允许(TFT) |
| 4 | DSS_D3 | LCD 像素数据位 3 | 29 | HSYNC | LCD 水平同步 |
| 5 | DSS_D4 | LCD 像素数据位 4 | 30 | VSYNC | LCD 垂直同步 |
| 6 | DSS_D5 | LCD 像素数据位 5 | 31 | GND | GND |
| 7 | DSS_D6 | LCD 像素数据位 6 | 32 | CLK | LCD 像素时钟 |
| 8 | DSS_D7 | LCD 像素数据位 7 | 33 | GND | GND |
| 9 | GND | GND | 34 | X+ | X+位置输入 |
| 10 | DSS_D8 | LCD 像素数据位 8 | 35 | X- | X-位置输入 |
| 11 | DSS_D9 | LCD 像素数据位 9 | 36 | Y+ | Y+位置输入 |
| 12 | DSS_D10 | LCD 像素数据位 10 | 37 | Y- | Y-位置输入 |
| 13 | DSS_D11 | LCD 像素数据位 11 | 38 | SPI_CLK | SPI 时钟 |
| 14 | DSS_D12 | LCD 像素数据位 12 | 39 | SPI_MOSI | SPI 主输出从输入 |
| 15 | DSS_D13 | LCD 像素数据位 13 | 40 | SPI_MISO | SPI 主输入从输出 |
| 16 | DSS_D14 | LCD 像素数据位 14 | 41 | SPI_CS | SPI 允许 |
| 17 | DSS_D15 | LCD 像素数据位 15 | 42 | I2C_CLK | I$^2$C 主时钟 |
| 18 | GND | GND | 43 | I2C_SDA | I$^2$C 数据 |
| 19 | DSS_D16 | LCD 像素数据位 16 | 44 | GND | GND |
| 20 | DSS_D17 | LCD 像素数据位 17 | 45 | VDD18 | 1.8 V |
| 21 | DSS_D18 | LCD 像素数据位 18 | 46 | VDD33 | 3.3 V |
| 22 | DSS_D19 | LCD 像素数据位 19 | 47 | VDD50 | 5 V |
| 23 | DSS_D20 | LCD 像素数据位 20 | 48 | VDD50 | 5 V |
| 24 | DSS_D21 | LCD 像素数据位 21 | 49 | RESET | 复位 |
| 25 | DSS_D22 | LCD 像素数据位 22 | 50 | PWREN | 上电允许 |

S-Video 接口如表 9-12 所列。HDMI 接口如表 9-13 所列。

表 9-12  S-Video 接口 J10

| 引脚 | 信号 | 描述 | 引脚 | 信号 | 描述 |
|---|---|---|---|---|---|
| 1 | GND | GND | 3 | OUTPUT1 | VIDEO Y |
| 2 | GND | GND | 4 | OUTPUT2 | VIDEO C |

表 9-13 HDMI 接口 J12

| 引 脚 | 信 号 | 描 述 | 引 脚 | 信 号 | 描 述 |
| --- | --- | --- | --- | --- | --- |
| 1 | DAT2+ | TMDS 数据 2+ | 11 | CLK_S | TMDS 数据时钟 |
| 2 | DAT2_S | TMDS 数据 2 屏蔽 | 12 | CLK− | TMDS 数据时钟− |
| 3 | DAT2− | TMDS 数据 2− | 13 | CEC | 消费者电子控制 |
| 4 | DAT1+ | TMDS 数据 1+ | 14 | NC | NC |
| 5 | DAT1_S | TMDS 数据 1 屏蔽 | 15 | SCL | $I^2C$ 时钟 |
| 6 | DAT1− | TMDS 数据 1− | 16 | SDA | $I^2C$ 串行双向数据 |
| 7 | DAT0+ | TMDS 数据 0+ | 17 | GND | GND |
| 8 | DAT0_S | TMDS 数据 0 屏蔽 | 18 | 5 V | 5 V |
| 9 | DAT0− | TMDS 数据 0− | 19 | HPLG | 热拔插检测 |
| 10 | CLK+ | TMDS 数据时钟+ | | | |

以太网络接口如表 9-14 所列。

表 9-14 以太网络接口 J13

| 引 脚 | 信 号 | 描 述 |
| --- | --- | --- |
| 1 | TX+ | TX+输出 |
| 2 | TX− | TX−输出 |
| 3 | RX+ | RX+输入 |
| 4 | VDD25 | 用于 TX/RX 的 2.5 V 电压 |
| 5 | VDD25 | 用于 TX/RX 的 2.5 V 电压 |
| 6 | RX− | RX−输入 |
| 7 | NC | NC |
| 8 | NC | NC |
| 9 | VDD | 用于 LED 的 3.3 V 电源 |
| 10 | LED1 | 速度 LED |
| 11 | LED2 | 连接 LED |
| 12 | VDD | 用于 LED 的 3.3 V 电源 |

摄像头接口可连接 CCD 工业摄像头和 CMOS 数字摄像头,同时支持 BT.601 和 BT.656 制式,如表 9-15 所列。

## 第9章 DevKit8500 评估套件

表 9-15 摄像头接口 J14

| 引 脚 | 信 号 | 描 述 | 引 脚 | 信 号 | 描 述 |
|---|---|---|---|---|---|
| 1 | GND | GND | 16 | GND | GND |
| 2 | D0 | 数字图像数据位 0 | 17 | HS | 水平同步 |
| 3 | D1 | 数字图像数据位 1 | 18 | VDD50 | 5 V |
| 4 | D2 | 数字图像数据位 2 | 19 | VS | 垂直同步 |
| 5 | D3 | 数字图像数据位 3 | 20 | VDD33 | 3.3 V |
| 6 | D4 | 数字图像数据位 4 | 21 | XCLKA | 时钟输出 a |
| 7 | D5 | 数字图像数据位 5 | 22 | XCLKB | 时钟输出 b |
| 8 | D6 | 数字图像数据位 6 | 23 | GND | GND |
| 9 | D7 | 数字图像数据位 7 | 24 | FLD | 场标识 |
| 10 | D8 | 数字图像数据位 8 | 25 | WEN | 写允许 |
| 11 | D9 | 数字图像数据位 9 | 26 | STROBE | 闪光灯控制信号 |
| 12 | D10 | 数字图像数据位 10 | 27 | SDA | $I^2C$ 主时钟 |
| 13 | D11 | 数字图像数据位 11 | 28 | SCL | $I^2C$ 主双向数据 |
| 14 | GND | GND | 29 | GND | GND |
| 15 | PCLK | 像素时钟 | 30 | VDD18 | 1.8 V |

串行接口如表 9-16 所列。

默认的调试串口由 MAX3232 将 TTL 电平转换为 RS232,以便与 PC 通信。USB OTG 接口如表 9-17 所列。USB HOST 接口如表 9-18 所列。按键如表 9-19 所列。LED 如表 9-20 所列。

表 9-16 串行接口 J15

| 引 脚 | 信 号 | 描 述 |
|---|---|---|
| 1 | NC | NC |
| 2 | RXD | 接收数据 |
| 3 | TXD | 发送数据 |
| 4 | NC | NC |
| 5 | GND | GND |
| 6 | NC | NC |
| 7 | RTS | 请求发送 |
| 8 | CTS | 清发送请求 |
| 9 | NC | NC |

表 9-17 USB OTG 接口 J16

| 引 脚 | 信 号 | 描 述 |
|---|---|---|
| 1 | VBUS | +5V |
| 2 | DN | USB 数据- |
| 3 | DP | USB 数据+ |
| 4 | ID | USB ID |
| 5 | GND | GND |

表 9 – 18　USB HOST 接口 J11、J17、J18

| 引　脚 | 信　号 | 描　述 |
| --- | --- | --- |
| 1 | VBUS | +5V |
| 2 | DN | USB 数据 – |
| 3 | DP | USB 数据 + |
| 4 | ID | USB ID |

表 9 – 19　按　键

| 名　称 | | 描　述 |
| --- | --- | --- |
| SW1 | ON/OFF | 系统 ON/OFF 按键 |
| SW2 | RESET | 系统复位按键 |
| SW3 | USER1 | 用户定义键 1 |
| SW4 | USER2 | 用户定义键 2 |

表 9 – 20　LED

| 名　称 | 信　号 | 描　述 |
| --- | --- | --- |
| LED 1 | 3V3 | 3.3V 电源指示 |
| LED 2 | SYS | 系统 LED |
| LED 3 | LEDB | 系统 LED |
| LED 4 | LED1 | 用户定义按键 1 指示 |
| LED 5 | LED2 | 用户定义按键 2 指示 |
| LED 6 | USB1 | USB 指示 1 |
| LED 7 | USB2 | USB 指示 2 |
| LED 8 | USB3 | USB 指示 3 |
| LED 9 | USB4 | USB 指示 4 |
| LED 10 | HUB | USB HUB 指示 |

# 第 10 章
# Android 操作系统基础

AM37x/DM37x 处理器具有出色的性能和效率,主要适用于各种移动和消费类应用,包括移动电话、PDA、机顶盒、数字电视、游戏控制台和汽车导航/娱乐系统。这些应用通常都需要使用嵌入式操作系统,常用的操作系统有 Linux、WinCE 和 Android 等。其中 Android 操作系统又是当前最流行的手机和平板电脑操作系统。

本书后半部分将以 Devkit8500 评估板为对象,介绍如何将 Android 操作系统移植到 AM37x/DM37x 处理器上,以及如何进行内核驱动开发、如何进行应用开发。

本章简要介绍 Android 操作系统,首先是 Android 系统的发展历程、系统架构、版本,其次是 Android 系统开发框架,对其源码结构进行剖析,然后介绍了其 init 可执行程序、Shell 工具,最后对 Android 的系统进程进行了一些介绍。

## 10.1 Android 操作系统简介

Android 是 Google 公司在 2007 年 11 月 5 日发布的基于 Linux 内核的手机操作系统,早期由 Google 开发,后由开放手持设备联盟(Open Handset Alliance)开发。它采用了软件堆层的架构,主要分为 3 部分:底层,以 Linux 内核工作为基础,由 C 语言开发,只提供基本功能;中间层,包括函数库 Library 和虚拟机 Virtual Machine,由 C++开发;最上层,是各种应用软件,包括通话程序、短信程序等,由各公司自行开发,可以Java 作为编程语言。

2010 年末数据显示,仅正式推出两年的操作系统 Android 已经超越称霸十年的诺基亚 Symbian OS 系统。宏达电子(HTC)、三星(SAMSUNG)、摩托罗拉(MOTORO-LA)、LG、Sony Ericsson 等众多著名的手机厂商均出产了采用 Android 系统的手机,使之跃居全球最受欢迎的智能手机平台。2011 年第三季度,Android 在智能手机的份额已经达到 52.5%。2011 年开始,Android 系统已经不仅应用于智能手机,在平板电脑市场中也开始急速扩张。

## 10.1.1　Android 版本历史

- Android 1.1，发布于 2008 年 9 月，代表手机：T－MOBILE G1。
- Android 1.5，发布于 2009 年 5 月，代表手机：摩托罗拉 CILQ。
- Android 1.6，发布于 2009 年 9 月，代表手机：索尼爱立信 X10。
- Android 2.0，发布于 2009 年 10 月，代表机型：摩托罗拉 XT800、HTC G6。
- Android2.1 Eclair，发布于 2009 年 10 月，这是一次创纪录的版本升级速度，其特性更新包括：
  - 优化硬件速度。
  - "Car Home"程序。
  - 支持更多的屏幕分辨率。
  - 改良了用户界面。
  - 新的浏览器的用户接口和支持 HTML5。
  - 新的联系人名单。
  - 更好的白色/黑色背景比率。
  - 改进 Google Maps 3.1.2。
  - 支持 Microsoft Exchange。
  - 支持内置相机闪光灯。
  - 支持数码变焦。
  - 改进的虚拟键盘。
  - 支持蓝牙 2.1。
  - 支持动态桌面的设计。
- Android2.2 Froyo，发布于 2010 年 5 月，其特性更新包含：
  - 支持将软件安装至扩展内存。
  - 集成 Adobe Flash 10.1 支持。
  - 加强软件即时编译的速度。
  - 新增软件启动"快速"至电话和浏览器。
  - USB 分享器和 WiFi 热点功能。
  - 支持在浏览器上传档案。
  - 更新 Market 中的批量和自动更新。
  - 增加对 Microsoft Exchange 的支持（安全政策，auto-discovery，GAL look-up）。
  - 集成 Chrome 的 V8 JavaScript 引擎到浏览器。
  - 加强快速搜索小工具。
  - 更多软件能透过 Market 更新，类似 2.0/2.1 中的 Map 更新。
  - 速度和性能优化。
- Android2.3 Gingerbread，发布于 2010 年 12 月，其主要特性更新如下：

# 第 10 章　Android 操作系统基础

- 修补 UI。
- 支持更大的屏幕尺寸和分辨率(WXGA 及更高)。
- 系统级复制粘贴。
- 重新设计的多点触摸屏幕键盘。
- 本地支持多个摄像头(用于视频通话等)和更多传感器(陀螺仪、气压计等)。
- 电话簿集成 Internet Call 功能。
- 支持近场通信(NFC)。
- 强化电源、应用程序管理功能。
- 新增下载管理员。
- 优化游戏开发支持。
- 多媒体音效强化。
- 从 YAFFS 转换到 ext4 文件系统。
- 开放了屏幕截图功能。
- 对黑色及白色的还原更加真实。

■ Android3.0/3.1/3.2 Honeycomb,发布于 2011 年 2 月,此版本专用于平板电脑,其特性如下:
- 仅供平板电脑使用。
- Google eBooks 上提供数百万本书。
- 支持平板电脑大屏幕、高分辨率。
- 新版 Gmail。
- Google Talk 视讯功能。
- 3D 加速处理。
- 网页版 Market(Web store)详细分类显示,依个人 Android 分别设定安装应用程序。
- 新的短消息通知功能。
- 专为平板电脑设计的用户界面(重新设计的通知列与系统列)。
- 加强多任务处理的接口。
- 重新设计适用大屏幕的键盘及复制粘贴功能。
- 多个标签的浏览器以及私密浏览模式。
- 快速切换各种功能的摄像头。
- 增强的图库与快速滚动的联络人接口。
- 更有效率的 Email 接口。
- 支持多核心处理器。
- 3.2 版本优化 7 吋平板显示。

■ Android4.0 Ice Cream Sandwich,发布于 2011 年 10 月,只提供一个版本,同时支持智能手机、平板电脑、数字电视等设备。其特性更新如下:
- 提供了速度和性能。

- 在 UI 中采用了虚拟按键,取消了过去的物理按键,增加屏幕显示面积。
- 桌面插件 widget 以列表方式呈现在标签页中,与应用程序列表类似。
- 使用拖拽方式,更易于创建和管理文件夹。
- 允许客户定制桌面。
- 增强了语音邮件能力。
- 日历增加了缩放操作功能。
- Gmail 可离线搜索、两行浏览,底部采用新的快捷栏,可左右滑动切换 Gmail 会话。
- 集成了屏幕截图功能(音量下键+电源键组合)。
- 改进了键盘纠错能力。
- 可以从锁屏界面直接访问应用程序。
- 增强了复制和粘贴功能。
- 更强的语音功能,支持实时语音识别。
- 人脸识别技术,可使用人脸识别解锁。
- 内置新的浏览器,最多可有 16 个书签,可与用户的 Chrome 书签同步。
- 最新的 Roboto 字体。
- 数据流量控制,当数据量接近用户设定时可以报警,超过用户设定时可以断网,可以断开单个应用程序的数据访问。
- 提高了摄像头能力,零快门延迟、时间间隔设置、录像时可变焦。
- 内置图像编辑器。
- 新的图库布局方式,可以根据地理位置和人来组织。
- 新的"联系人"应用程序,集成了社交网络,内置状态更新,可查看高清图像。
- 基于近场通信技术的 Android Beam,可让两部手机直接快速交换网站、联系人、导航信息、YouTube 视频以及其他数据。
- 硬件加速 UI。
- 插件 widgets 可缩放功能,在 3.1 中已经包含,但是对手机而言是新功能。
- 支持 Wi-Fi 直连技术,无需网络基站(AP),即可实现两个 WiFi 接入设备直接的互联。
- 1080p 视频录像功能。

## 10.1.2 开放手机联盟

2007 年 11 月 5 日,为了推广 Android,Google 和 34 个终端设备相关企业、电信运营企业建立了开放手机联盟(Open Handset Alliance)。联盟成员包括高通、HTC、Intel、三星电子、摩托罗拉公司、NVIDIA、SiRF、SkyPop 等。随后又有一些相关企业加入,包括中国电信、中国联通、东芝、MIPS、华为、海尔、联发科技 MTK 等。该联盟的目的是与其他移动平台如 Apple、微软、诺基亚、Palm、Research In Motion、Symbian 和 bada 竞争。

## 10.2 Android 基本架构

Android 操作系统是一个开放的软件系统,其构架如图 10-1 所示,从下至上可分成 4 个层次：
- 第 1 层次：Linux 操作系统及驱动；
- 第 2 层次：本地代码(C/C++)框架；
- 第 3 层次：Java 框架；
- 第 4 层次：Java 应用程序。

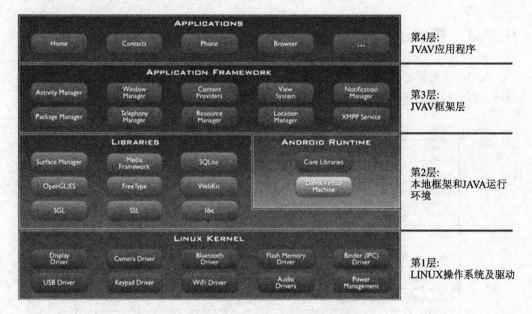

图 10-1　Android 操作系统的架构

Android 的第 1 层次由 C 语言实现,第 2 层次由 C 和/C++实现,第 3、4 层次主要由 Java 代码实现。

第 1 层次和第 2 层次之间,从 Linux 操作系统的角度来看,是内核空间与用户空间的分界线,第 1 层次运行于内核空间,第 2、3、4 层次运行于用户空间。

第 2 层次和第 3 层次之间,是本地代码层和 Java 代码层的接口。

第 3 层次和第 4 层次之间,是 Android 的系统 API 的接口,对于 Android 应用程序的开发,第 3 层次以下的内容是不可见的,仅考虑系统 API 即可。由于 Android 系统需要支持 Java 代码的运行,这部分内容是 Android 的运行环境(Runtime),由虚拟机和 Java 基本类组成。

## 10.3　Android 源码结构

Android 工程的源代码分为 3 个部分：
- 核心工程（Core Project）：建立 Android 系统的基础，在根目录的各个文件夹中。
- 扩展工程（External Project）：使用其他开源项目扩展的功能，在 external 文件夹中。
- 包（Package）：提供 Android 的应用程序和服务，在 package 文件夹中。

### 10.3.1　核心工程

Android 的核心工程包含了对 Android 系统基本运行的支持以及 Android 系统的编译工程。核心工程的内容如表 10-1 所列。

表 10-1　Android 的核心工程

| 工程名称 | 工程描述 |
| --- | --- |
| bionic | C 运行时支持：libc、libm、libdl、动态 linker |
| bootloader/legacy | Bootloader 参考代码 |
| build | Build 系统 |
| dalvik | Dalvik 虚拟机 |
| development | 高层的开发和调试工具 |
| frameworks/base | Android 核心的框架库 |
| frameworks/policies/base | 框架配置策略 |
| hardware/libhardware | 硬件抽象层库 |
| hardware/ril | 无线接口层 |
| kernel | Linux 内核 |
| prebuilt | 对 Linux 和 Mac OS 编译的二进制支持 |
| system/core | 最小化可启动的环境 |
| system/extras | 底层调试和检查工具 |

bootloader 中包含的是内核加载器的内容，在内核运行之前运行。kernal 中包含的是内核中的内容，bionic 和 buil 中包含的是编译系统，prebuilt 中则是预编译的内核，其他的工程大都是 Android 系统的第 2 个层次的源代码，还有些目录中包含了一些相关的工具。

## 10.3.2 扩展工程

Android 的扩展工程包含在 external 文件夹中,这是一些经过修改后适应 Android 系统的开源工程,这些工程中的内容有些是在主机上运行,有些则是在目标机上运行。

Android 扩展工程的内容如表 10-2 所列。

表 10-2 Android 的扩展工程

| 工程名称 | 工程描述 | 工程名称 | 工程描述 |
| --- | --- | --- | --- |
| aes | 高级加密标准 | googleclient | (Java)Google 客户端 |
| apache-http | Http 服务器 | grub | 多重操作系统启动管理器 |
| bison | (主机)自动生成语法分析器程序 | icu4c | IBM 支持软件国际化的开源项目 |
| bluez | 蓝牙库 | iptables | 建构在 Xtables 的架构下,定义"表(tables)"、"链(chain)"和"规则(rules)"来处理封包的运送 |
| bsdiff | (主机)用于为二进制文件生成补丁 | | |
| bzip2 | (主机/目标机)压缩文件工具 | jdiff | (主机 Java 库)比较工具 |
| clearsilver | (主机)模板语言,包括 Python、Java、Perl、C 的库 | jhead | Jpeg 文件头(Exif)编辑修改软件 |
| | | jpeg | Jpeg 工具库 |
| dbus | freedesktop 下开源的 Linux IPC 通信机制 | libffi | 可移植的外来函数接口库 |
| | | libpcap | 网络数据包捕获函数包 |
| dhcpcd | 动态主机配置协议的工具 | libpng | PNG 工具库 |
| dropbear | ssh2 服务器和客户端 | libxml2 | (主机/目标机)C 语言的 XML 解析库 |
| e2fsprogs | (主机)Ext2/3/4 文件系统的工具 | | |
| elfcopy | (主机)ELF 工具 | netcat | 用来对网络连线 TCP 或者 UDP 进行读/写 |
| elfutils | (主机)ELF 工具 | | |
| embunit | 嵌入式 C 系统的测试框架 | netperf | 网络性能的测量工具 |
| emma | (Java)Java 代码覆盖检查工具 | Neven | 人脸识别库 |
| esd | (仅头文件) | Opencore | 多媒体框架 |
| expat | (主机/目标机)XML Parser | openssl | C 语言的 SSL(Secure Sockets Layer)工具 |
| fdlibm | 精确实现 IEEE754 浮点数 | | |
| freetype | C 语言实现的字体光栅化引擎制作的一个软件库 | oprofile | Linux 内核支持的一种性能分析机制 |
| gdata | (Java)用于数据操作 | Ping | ping 工具 |
| genext2fs | (主机)Ext2 文件系统生成工具 | ppp | ppp(点对点)工具 |
| giflib | GIF 工具 | Protobuf | Google 工具,利用.proto 文件自动生成代码 |

续表 10-2

| 工程名称 | 工程描述 | 工程名称 | 工程描述 |
| --- | --- | --- | --- |
| qemu | （主机）模拟环境 | tcpdump | 用于分析被截取的网络中传送数据包头的工具 |
| safe-iop | 跨平台的整数运算 | | |
| skia | 图形库 | tinyxml | （主机/目标机）XML 工具 |
| sonivox | Sonic 嵌入式的音乐合成器 | tremor | Ogg Vorbis 的播放器 |
| sqlite | 轻量级的 SQL 嵌入式数据库 | webkit | 开源的浏览器引擎 |
| srec | （主机/目标机）motorola S-records 十六进制文件格式工具 | wpa_supplicant | 无线局域网 Wifi 的工具 |
| | | xdelta3 | （主机/目标机）二进制文件比较工具 |
| strace | 监视系统调用的工具 | | |
| tagsoup | （Java）HTML 解析工具 | yaffs2 | （主机）YAFFS 文件系统 |

### 10.3.3 Java 程序包

Android 中的 Java 程序包是 Android 系统第 4 个层次的内容，这些程序包主要包括应用程序（Application）和内容提供器（Content Providers）两个部分。另外还有一个目录 inputmethods 为输入法部分。

在 package/apps 目录中的应用程序主要包括以下内容：AlarmClock、Browser、Calculator、Calendar、Camera、Contacts、E-mail、GoogleSearch、HTML Viewer、IM、Launcher、Mms、Music、PackageInstaller、Phone、Settings、SoundRecorder、Stk、Sync、Updater 和 VoiceDialer。

在 package/providers 目录中的内容提供器主要包括以下内容：CalendarProvider、ContactsProvider、DownloadProvider、DrmProvider、GoogleContactsProvider、GoogleSubscribedFeedsProvider、ImProvider、MediaProvider、SettingsProvider、SubscribedFeedsProvider 和 TelephonyProvider。

其中应用程序 Launcher 是 Android 的用户界面，也就是启动后第一个显示的界面。这个程序和其他的应用程序一样，是 Android 系统中的一个应用程序包。

## 10.4 init 进程

init 进程是 Android 启动后系统执行的第一个可执行程序，此程序以一个守护进程的方式运行，它提供了以下功能：

■ 设备管理。
■ 解析启动脚本 init.rc。
■ 执行启动脚本中的基本功能。
■ 执行启动脚本中的各种服务。

init 进程的代码路径为：system/core/init，编译的结果是一个可执行文件：init。

## 10.4.1 init 可执行程序

由于 init 可执行文件是系统运行的第一个用户空间的程序，因此这个程序的 init.c 文件包含了 main 函数的入口，基本的处理流程如下：

```c
int main(int argc, char **argv)
{
    /* ……省略部分内容 */
    umask(0);
    mkdir("/dev", 0755);                    /* 创建文件系统的基本目录 */
    mkdir("/proc", 0755);
    mkdir("/sys", 0755);
    mount("tmpfs", "/dev", "tmpfs", 0, "mode=0755");
    mkdir("/dev/pts", 0755);
    mkdir("/dev/socket", 0755);
    mount("devpts", "/dev/pts", "devpts", 0, NULL);
    mount("proc", "/proc", "proc", 0, NULL);
    mount("sysfs", "/sys", "sysfs", 0, NULL);
    open_devnull_stdio();                   /* 打开3个文件：输入、输入、错误 */
    log_init();                             /* 初始化 log */
    parse_config_file("/init.rc");          /* 处理初始化脚本 */
    /* 获取内核命令行参数 */
    qemu_init();
    import_kernel_cmdline(0);
    /* 初始化驱动设备，创建文件系统节点 */
    Device_fd = device_init();
    /* 属性相关处理和启动 logo */
    fd = open(console_name, O_RDWR);
    if(fd >= 0)
        have_console = 1;
    close(fd);
    ufds[0].fd = device_fd;                 /* 初始化 struct pollfd ufds[4]; */
    ufds[0].events = POLLIN;
    ufds[1].fd = property_set_fd;
    ufds[1].events = POLLIN;
    ufds[2].fd = signal_recv_fd;
    ufds[2].events = POLLIN;
    fd_count = 3;
    /* ……省略部分内容 */
    for(;;){                                /* 进入循环，处理 ufd[4]的事件 */
        nr = poll(ufds, fd_count, timeout);
```

```
        if(nr <= 0)
            continue;
/* ······省略部分内容 */
    }
    return 0;
}
```

这个可执行程序在处理完一系列操作后,将进入一个循环,在这个循环中进行设备处理。上述代码中,parse_config_file("/init.rc")用于解析并处理根目录下的初始化启动脚本,在初始化过程中,进行 log 和启动界面的输出。

## 10.4.2 启动脚本 init.rc

使用启动脚本 init.rc,可以在系统的初始化过程中进行一些简单的初始化操作。init 启动脚本的路径是 system/core/rootdir/init.rc,这个脚本被直接安装到目标系统的根文件系统中,被 init 可执行程序解析。

init.rc 是在 init 启动后被执行的启动脚本,其语法主要包含了以下的内容:

- Commands:命令
- Actions:动作
- Triggers:触发条件
- Services:服务
- Options:选项
- Properties:属性

Commands(命令)是一些基本的操作,例如:

```
export PATH /sbin:/system/sbin:/system/bin:/system/xbin
mount yaffs2 mtd@system /system
mount yaffs2 mtd@system /system ro remount
mkdir /data/misc 01771 system ro remount
mkdir /data/lost+found 0770
mkdir /cache/lost+found 0770
```

这些命令在 init 可执行程序中被解析,然后调用相关的函数来实现。

Actions(动作)表示一系列的命令,通常在 Triggers(触发条件)中调用,动作和触发条件的形式为:

```
on <trigger>
    <command>
    <command>
    <command>
```

动作的使用示例如下:

# 第 10 章　Android 操作系统基础

```
on init
    export PATH /sbin:/system/sbin:/system/bin:/system/xbin
    mkdir /system
```

这里的"init"表示一个触发条件（初始化过程）。在这个触发事件发生后，进行的"动作"是设置环境变量和建立目录的操作。

Services（服务）通常表示启动一个可执行程序，Options（选项）是服务的附加内容，用于配合服务使用。

服务和选项的示例如下所示：

```
service vold /system/bin/vold
    socket vold stream 0660 root mount
service bootsound /system/bin/playmp3
    user media
    group audio
    oneshot
```

在上例中，vold 和 bootsound 分别是两个服务的名称，/system/bin/vold 和 /system/bin/playmp3 则分别是它们所对应的可执行程序。socket、user、group 和 oneshot 就是配合服务使用的选项。其中，oneshot 选项表示该服务只启动一次，而如果没有 oneshot 选项，这个可执行程序会一直存在；即使该可执行程序被杀死，它也会重新启动。

Properties（属性）是系统中使用的一些值，可以进行设置和读取。

在启动脚本中，属性的使用如下所示：

```
setprop ro.FOREGROUND_APP_MEM 1536
setprop ro.VISIBLE_APP_MEM 2048
on property:ro.kernel.qemu=1
    start adbd
```

setprop 用于设置属性，on property 也用于判断属性，这里的属性在整个 Android 系统运行中都是一致的。

init 脚本的关键字可以参考 init 进程的 system/core/init/keyword.h 文件。例如，改变模式的关键字：

```
KEYWORD(chmod, COMMAND, 2, do_chmod)
```

命令行中使用的命令是"chmod"，其调用的函数是 do_chmod()，这个函数在 init 进程的 system/core/init/builtins.c 文件中定义。

```
Int do_chmod(int nargs, char **agrs){
    mode_t mode = get_mode(args[11]);
    if (chmod(arg[2], mode) < 0){
        return - errno;
    }
```

```
    return 0;
}
```

这些功能一般都是通过调用 Linux 的标准库函数来实现的。

关于 init.rc 脚本的详细使用方法,读者可以参考说明文件 system/core/init/readme.txt。

## 10.5  shell 工具

Android 系统启动后会提供基本的 shell 界面供开发调试使用,这需要启动一个名为 console 的服务,此内容在 init.rc 脚本中进行了定义。

```
service console /system/bin/sh
console
```

console 服务对应的可执行程序的路径是:/system/bin/sh。

Shell 的功能由 sh 程序和工具箱(Toolbox)两个部分组成,它们是两个可执行程序。其中,sh 程序提供的是控制台,工具箱提供的是各种具体的命令(例如 ls、mv 等)。当用户键入命令后,内部实现的命令(比如 cd)将由 sh 程序解析执行,其他的则调用工具箱进行执行。

### 10.5.1  sh 程序

sh 程序是一个可执行程序,作为守护程序进行运行,为用户提供 Android 的 Shell 终端。在提示符"#"之后,用户可以进行命令的输入。

sh 程序的代码路径:system/core/sh

其程序入口的文件是 main.c,执行后调用 cmdloop() 函数进入命令的循环中,等待用户输入命令,并进行解析。

builtin.h 文件定义类内建命令的格式:

```
struct builtincmd {
    const char * name;
    int ( * builtin) (int, char * *);
};
```

builtin.h 文件中还定义了内建命令的数组,这个数组对应了命令的名称及其对应的函数指针,片段如下所示:

```
const struct builtincmd builtincmd[] = {         /* 内建命令数组 */
    { "command", bltincmd },
    { "bg", bgcmd },
    { "cd", cdcmd },
```

# 第 10 章  Android 操作系统基础

```
    { "chdir", cdcmd },
    { "echo", echocmd },
/* ……省略部分命令 */
    { 0, 0 },
};
const struct builtincmd splbltincmd[] = {    /* 用于分割功能的内建命令数组 */
    { "break", breakcmd },
    { "continue", breakcmd },
    { ".", dotcmd },
/* ……省略部分命令 */
    { 0, 0 },
};
```

其中,builtincmd 是内建命令数组,splbltincmd 是用于分割功能的内建命令数组。这些文件将由 exec.c 程序中的内容进行执行。

sh 程序使用系统的第一终端(tty0)作为输入输出设备。

## 10.5.2  命令工具箱 Toolbox

工具箱 Toolbox 执行 Shell 界面下输入的各种非内部命令,也就是说,工具箱程序是被 sh 程序间接运行的。Toolbox 的代码路径:system/core/toolbox,编译后生成的文件为/system/bin/toolbox,目标文件系统/system/bin/中的一些符号将连接到 Toolbox 可执行程序上。

Toolbox 的入口源代码文件为 toolbox.c,其中定义了 main 函数。

```
int main(int argc, char **argv)
{
    int i;
    /* ……参数解析过程 */
    for(i = 0; tools[i].name; i++){
        if(!strcmp(tools[i].name, name)){
            return tools[i].func(argc, argv);
        }
    }
    return -1;
}
```

其中,数组 tools 内各个命令名称及其对应的函数指针都是在编译之前自动生成的。toolbox.c 中有如下形式的定义:

```
#define TOOL(name) int name##_main(int, char**);
#include "tools.h"
#undef TOOL
```

```
static struct
{
    const char * name;
    int ( * func) (int, char * *);
}tools[] = {
  { "toolbox", toolbox_main },
#define TOOL(name) { #name, name##_main },
#include "tools.h"
#undef TOOL
  { 0, 0 },
};
```

其中,各个源文件分别实现一个命令的功能,这些命令都是以_main 作为结尾形式定义的,如下所示:

```
int (XXX)_main (int argc, char * * argv){}
```

这些函数将用于自动生成 tools 数组。如果需要增加新的命令,只需要增加一个文件,实现类似形式的函数,并在 Android.mk 中加入这个命令的名称即可。要求名称{XXX}和文件的名称相同。

```
TOOLS : = \
    Ls \
# ‥‥‥省略其他部分
LOCAL SRC FILES: = \
    toolbox.c \
    $ (patsubst %, %.c, $ (TOOLS))
```

Toolbox 的 Android.mk 和别的程序不同,由它定义各种工具的名称,然后自动找到源文件加入编译,并且自动生成 tool.h 这个头文件。

当程序生成后,Android.h 还会在 $(TARGET_OUT)/bin/目录(实际的 system/bin)中建立每个工具的符号到 Toolbox 可执行程序的链接。实际上执行的各个命令都是先执行 Toolbox 可执行程序,然后再调用相应的程序进行解析。

## 10.6 几个重要系统进程

Android 有几个重要的系统进程,它们是 Android 系统运行的基础。这些进程为/init、/system/bin/servicemanager、/system/bin/mediaserver、zygote 及 system_server。

如 10.4 节所述,init 是系统第一个可执行程序,通过解析 init.rc 来启动一些其他的服务程序,servicemanager、zygote、mediaserve 都是通过这种方式启动的。system_server 进程则是通过 zygote 孵化而来的。

## 10.6.1 Servicemanager 进程

servicemanager 是 Binder 的服务管理守护进程,也是 Binder 机制的核心所有 Binder 服务都会通过它进行注册,客户端再通过它获取服务接口。

servicemanager 是一个本地应用,代码位于 frameworks/base/cmds/servicemanager/,编译生成名为 servicemanager 的可执行文件。

servicemanager 的代码逻辑非常简洁,如下所示:

```
int main(int argc, char * * argv)
{
    struct binder_state * bs;
    void * svcmgr = BINDER_SERVICE_MANAGER;
    bs = binder_open(128 * 1024);              //打开 Binder 设备
    if(binder_become_context_manager(bs)) {
      LOGE("cannot become context ,manager ( % s)\n", strerror(errno));
      Return  -1;
    }
    svcmgr_handle = svcmgr;
    binder_loop(bs, svcmgr_handler);
    return 0;
}
```

servicemanager 的运行流程为:打开 Binder 驱动→成为服务管理进程→进入 binder_loop 等待访问请求。

binder_loop 通过发送 BINDER_WRITE_READ 的 ioctl 命令给底层 Binder 驱动,以读取服务注册和获取服务接口等请求。再经由 binder_parse,最终由 svcmgr_handler 完成处理。

支持的请求有:

```
enum{
    SVC_MGR_GET_SERVICE = 1,
    SVC_MGR_CHECK_SERVICE,
    SVC_MGR_ADD_SERVICE,
    SVC_MGR_LIST_SERVICE
};
```

添加服务的实质是在 Binder 驱动中创建对应的节点来完成。servicemanager 中会维护一个服务列表,来跟踪服务的状态。

servicemanager 自身也是一个 binder 服务,从 binder_parse 中可以看出。它处理来自客户端的 BR_TRANSACTION,这是典型的 Binder 服务的请求处理流程。binder_become_context_manager 使 servicemanager 在 Binder 中非常特殊,它使用 Binder 驱

动中的第一个节点,也就是 handle 0。其他进程中需要注册服务或者获取服务接口,都必须通过这个特殊的 handle 0 来对 servicemanager 进行访问。

为了访问 servicemanager,Android 提供了一套 servicemanager 的访问接口,实现在 libutil.so 中,主要的相关文件是:IServiceManager.cpp 和 IServiceManager.h。

## 10.6.2 Mediaserver 进程

mediaserver 是多媒体服务的守护进程,负责多媒体、照相机、音频三项服务,其代码路径是 frameworks/base/media/mediaserver,只有一个源文件 main_mediaserver.cpp,编译后生成可执行程序 mediaserver。

在 init.rc 中具有如下定义:

```
service media /system/bin/mediaserver
    user media
    group system aduio camera graphics inet net_bt net_bt_admin
```

由于没有定义 oneshot,因此该进程将一直存在;即使这个进程被杀死,init 进程也会重新启动该进程。

## 10.6.3 Zygote 进程

Zygote 进程也是通过 init 进程启动,启动的是 app_process 程序,启动后再把自己的进程名改为 zygote,它是 Android 运行时非常核心的部分。Zygote 进程启动后会初始化和运行 Dalvik 虚拟机,在此之后 Android 就可以运行 Java 了。因此,Zygote 是 Android 系统 Java 部分的孵化器,也就是 Android Java 框架的基础。

在启动 Dalvik 虚拟机之后,Zygote 会首先孵化出 system_server,之后 system_server 与 zygote 一起完成其他所有 Android 的应用程序进程的启动。

## 10.6.4 SystemServer 进程

SystemServer 进程是 Zygote 孵化出来的第一个进程,该进程是从 ZygoteInit.java 的 main()函数中调用 startSystemServer()开始的。该进程与其他普通进程的差别在于:Zygote 类为启动 SystemServer 提供的专门的函数 starSystemServer(),而不是使用标准的 forAndSpecilize()函数;另外 SystemServer 进程启动之后首先做的事情与普通进程也是不同的。

SystemServer 进程是 Android 系统的运行环境中的"神经中枢",APK 应用程序中能直接交互的大部分系统服务都在该进程中运行,常见的有 WindowManagerServer(Wms)、ActivityManagerSystemService(Ams)、PackageManagerServer(PmS)等,这些服务都以一个线程的方式存在与 SystemServer 进程中。

# 第 10 章　Android 操作系统基础

　　SystemServer 启动之后,就可以和 Zygote 进程一起实现其他应用程序的启动了。Zygote 进程会建立建一个线程,转入 socket 侦听模式,其侦听的是 ActivityService 通过 Systemserver 进程使用 socket 传入的请求。

　　当打开一个 android 程序时,就会启动一个 activity,也就是 startActivity。ActivityManagerService 收到 startActvity 后,SystemServer 会先处理器这个请求,然后再通过 socket 向 zygote 发送一个孵化请求,启动该程序。

# 第 11 章

# Android 操作系统移植

用户在做应用开发之前必须先进行 Android 操作系统的移植工作，也就是在硬件系统的基础上构建 Android 软件系统，内容包括 Android 开发环境 Ubuntu 的安装与配置，Android 源代码的获取与提交以及 Android 系统的编译。

## 11.1 Ubuntu 的安装与配置

Android 操作系统内核开发需要在 Ubuntu 操作系统上调试与编译，因此用户需要安装 Ubuntu 操作系统。本节介绍如何在 Windows XP 下使用 VirtualBox 虚拟机来安装 Ubuntu 11.10。安装前，请确认 PC 满足：
- 硬盘至少要预留 8 GB 的空间。
- 内存至少有 512 MB 的 RAM，建议 1 GB 的 RAM。

### 11.1.1 软件获取

用户需要获得虚拟机 VirtualBox 软件和 Ubuntu 操作系统磁盘映像（ISO 文件）。
- 在 VirtualB 下载页面（http://www.virtualbox.org/wiki/Downloads）获得 VirtualBox 安装程序 VirtualBox-4.0.10-72479-Win.exe。
- 在 Ubuntu 下载页面（http://www.ubuntu.com/download/ubuntu/download）获得 Ubuntu 磁盘映像 ubuntu-11.10-desktop-i386.iso。

### 11.1.2 创建虚拟机

由于多数中国用户习惯使用 Windows 操作系统，为了能同时使用 Windows 和 Ubuntu 操作系统，而且便于切换，建议用户在虚拟机上安装 Ubuntu，当然也可以单独安装 Ubuntu 操作系统。VirtualBox 的安装比较简单，这里不做介绍。下面将介绍如何在 VirtualBox 中创建虚拟机的过程。步骤如下：

① 从开始菜单启动 VirtualBox 程序，单击"新建"按钮建立新的虚拟机。出现新建虚拟机向导时，单击"下一步"按钮，如图 11-1 所示。

图 11-1 创建虚拟机步骤之一

② 为新虚拟机命名，用户可以任意命名。由于安装 Ubuntu，这里将虚拟机命名为 Ubuntu，操作系统类型选择 Linux，如图 11-2 所示。

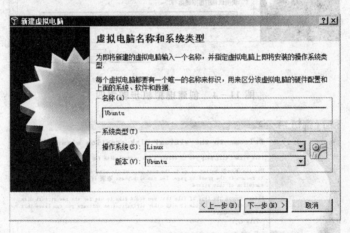

图 11-2 创建虚拟机步骤之二

③ 为虚拟机分配 RAM，如果 PC 的 RAM 为 1 GB 或更少，建议选择默认设置；如果 PC 的 RAM 超过 1 GB，可以分配给虚拟机其中的 1/4 内存，也可以更少些。例如，所使用 PC 的 RAM 为 2 GB，则建议为虚拟机分配 512 MB 的 RAM，如图 11-3 所示。

④ 如果是第一次使用 VirtualBox，则选择"创建新的虚拟硬盘"，如图 11-4 所示。

⑤ 单击"下一步"按钮，确认创建虚拟硬盘，如图 11-5 所示。

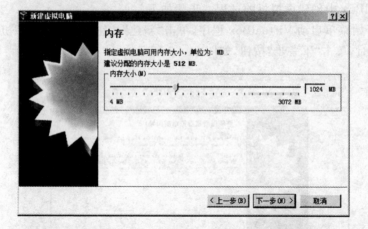

图 11-3 创建虚拟机步骤之三

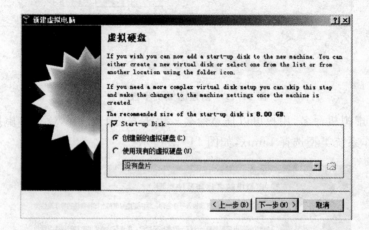

图 11-4 创建虚拟机步骤之四

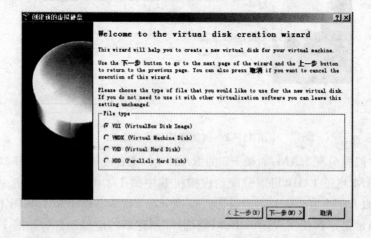

图 11-5 创建虚拟机步骤之五

⑥ 从理论上讲,选择动态扩展的虚拟硬盘驱动器是最好的,因为其占用的实际硬盘容量为系统所需的实际大小。但是当虚拟 Ubuntu 安装新软件时,系统只填充硬盘驱动器,而不扩充虚拟硬盘驱动器的容量。因此,建议用户选择"Fixed – size",如图11-6 所示。

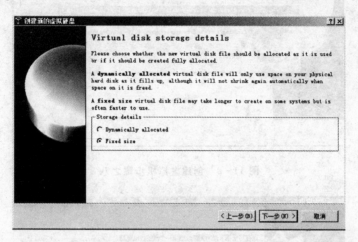

图 11-6 创建虚拟机步骤之六

⑦ 在"位置"文本框中选择存储硬盘数据的位置,并设置 Ubuntu 操作系统的默认虚拟硬盘容量(至少 8 GB),如图 11-7 所示。

图 11-7 创建虚拟机步骤之七

⑧ 单击"下一步"按钮,等待创建虚拟硬盘驱动器过程完成,如图 11-8 所示。
⑨ 单击 Create 按钮,成功创建虚拟硬盘驱动器,如图 11-9 所示。

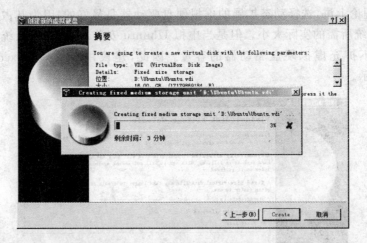

图 11-8 创建虚拟机步骤之八

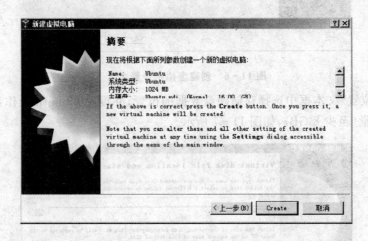

图 11-9 创建虚拟机步骤之九

## 11.1.3 安装 Ubuntu

步骤如下：

① 在 VirtualBox 中选择 Ubuntu,单击"设置"按钮;在弹出对话框的 Storage 页中,"IED 控制器"下显示为"没有盘片"。选择"没有盘片"后,鼠标单击属性选择框"CD/DVD Drive"后的小光盘图标,选择"Choose a virtual CD/DVD disk file…",将之前下载的 Ubuntu 操作系统的磁盘映像(.ISO)添加到虚拟硬盘驱动器上,如图 11-10 所示。

② 选择完磁盘映像文件之后,IDE 控制器下面将出现"ubuntu-11.10-desktop-i386",单击"确认"按钮,如图 11-11 所示,则回到 VirtualBox 主界面。

第 11 章　Android 操作系统移植

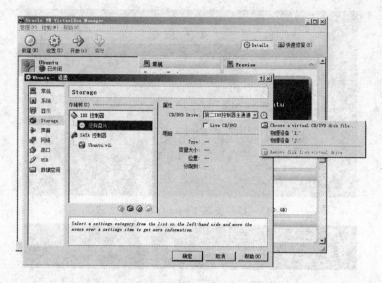

图 11-10　安装 Ubuntu OS 步骤之一

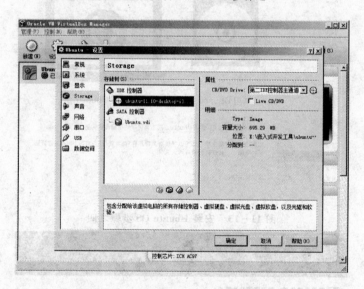

图 11-11　安装 Ubuntu OS 步骤之二

③ 在 VirtualBox 主界面双击虚拟机"Ubuntu"启动它,如图 11-12 所示,第一次启动将复制安装 Ubuntu 操作系统。

④ 在安装界面中可选择语言,如果用户不习惯英文界面,可以选择"中文(简体)",之后的安装界面和系统界面将是中文的,如图 11-13 所示。选择完语言之后单击"安装 Ubuntu"按钮。

⑤ 可以选择是否安装第三方软件,例如 MP3 播放器、Flash 播放器等,用户选择之后单击"继续"按钮,如图 11-14 所示。

图 11-12　安装 Ubuntu OS 步骤之三

图 11-13　安装 Ubuntu OS 步骤之四

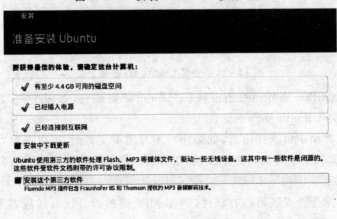

图 11-14　安装 Ubuntu OS 步骤之五

⑥ 选择"清除整个磁盘并安装 Ubuntu",单击"继续"按钮,如图 11-15 所示。

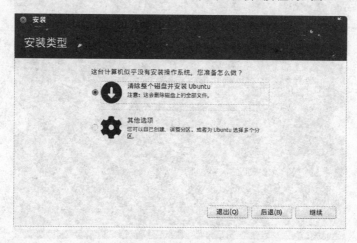

图 11-15　安装 Ubuntu OS 步骤之六

⑦ 单击"现在安装"按钮,如图 11-16 所示,虚拟硬盘驱动器将会被格式化,然后开始 Ubuntu 系统的复制安装过程。如果该虚拟硬盘上还有其他数据,则应在安装之前进行备份。

图 11-16　安装 Ubuntu OS 步骤之七

⑧ 在 Ubuntu 操作系统进行复制安装的过程中会问一些问题,例如所在时区、键盘类型、用户名、密码等,如图 11-17 所示,这里就不赘述。

⑨ Ubuntu 操作系统在 VirtualBox 上复制安装,需要大约为 15 分钟至 1 个小时,具体的时间取决于计算机的速度;如果选择了在安装时进行第三方软件安装及更新,则还依赖于网络速度,会用时更长一些。安装完后单击"现在重启"按钮,Ubuntu 操作系统将开始启动,如图 11-18 所示。

图 11-17　安装 Ubuntu OS 步骤之八

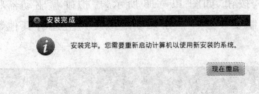

图 11-18　安装 Ubuntu OS 步骤之九

⑩ 安装完成之后，在 VirtualBox 中双击"Ubuntu"则可以启动 Ubuntu 操作系统。为了避免单击"Ubuntu"导致再次安装，必须将"IDE 控制器"的属性设置为"没有盘片"，如图 11-19 所示。

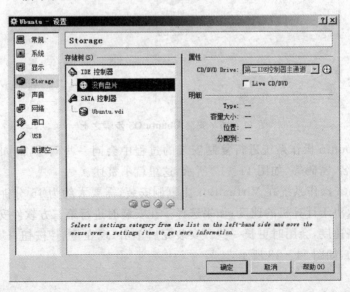

图 11-19　安装 Ubuntu OS 步骤之十

# 第 11 章　Android 操作系统移植

⑪ 如果安装过程中未将"Language"选择为"中文",那么启动之后的界面将是英文界面。若用户不习惯使用英文界面,则可在启动 Ubuntu 操作系统后,在 System Settings - Language Support 中修改默认的界面语言,将"汉语(中国)"拖到第一或第二的位置,并单击"Apply System Wide"按钮,下次启动将会是中文的界面,如图 11 - 20 所示。

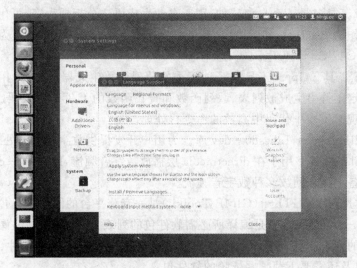

图 11 - 20　安装 Ubuntu OS 步骤之十一

## 11.2　Android 代码的获取与提交

本节将介绍如何获取 Android 源代码、如何提交修改后的源代码。

### 11.2.1　工具配置

在获取 Android 源码之前,还需要在 Ubuntu 操作系统环境中配置以下工具及开发库:

- Git 工具。Git 是用于 Linux 内核开发的版本控制工具。与常用的版本控制工具 CVS、Subversion 等不同,它采用了分布式版本库的方式,不需要服务器端软件支持,使源代码的发布和交流极其方便。Git 的速度很快,对于 Linux kernel 这样的大项目来说很重要。Git 最为出色的是其合并跟踪(merge tracing)能力。
- Repo 工具。Repo 工具是用来辅助 Git 工作的一个工具,在下载 Android 源码之前,需要先安装构建工具 Repo 来初始化源码。
- GnuPg 工具。GnuPG 是 GNU 的通信和数据存储安全工具,可以用于加密数据和创建数字签名。GnuPG 包括了高级的密匙管理工具,而且遵循 RFC2440

中描述的 OpenPGP 的国际标准。
- JDK 开发环境。Java 开发工具软件包。由于在 ubuntu 9.10 以上版本中去除了对 Sun JDK 的支持,而使用 OPENJDK;因此如果希望使用 Sun JDK,则需要手动指定安装源。
- Flex Builder。Flex Builder 是 Macromedia 的 IDE,用于 Flex 应用程序开发。
- Bison 工具。是一个自由软件,用于自动生成语法分析器程序,可用于所有常见的操作系统。Bison 把 LALR 形式的上下文无关文法描述,转换为可做语法分析的 C 或 C++程序。
- Gperf 工具。Gperf 工具是一种优秀的散列函数生成器,可以为用户提供的一组特定字符串生成散列表、散列函数和查找函数的 C/C++代码。使用 Gperf 可实现 C/C++代码中高效的命令行处理。
- Libsdl1.2-dev,Libesd0-dev 库。为用户开发提供数字音频流处理的函数库,Libsdl1.2-dev 用于在 directmedia 层播放数字音频流,Libesd0-dev 用于在单个设备上混合回放多种数字音频流。
- GTK+工具。GTK+(GIMP Toolkit)是一套跨平台的图形工具包。
- Build-essential。它是编译所必需软件包的列表,作用是提供编译程序必须软件包的列表信息。编译程序需要通过这个软件包来知道头文件、库函数的位置,以及还需要下载哪些依赖的软件包。
- Zip 工具。ZIP 格式压缩文件的管理器。
- Curl 工具。利用 URL 语法在命令行方式下工作的文件传输工具,可以从 HTTP、HTTPS 和 FTP 服务器中获取文件。
- Libncurses5-dev 库。为用户开发提供字符终端处理的库以及文本,包括面板和菜单。
- Zliblg-dev 库。ZIP 开发库。

打开 Ubuntu 操作系统的"应用程序"中的"终端"或"XTerm"程序,输入以下命令:

sudo apt-get install git-core gnupg flex bison gperf libsdl1.2-dev libesd0-dev libwxgtk2.6-dev build-essential zip curl libncurses5-dev zlib1g-dev

则上述介绍的工具及开发库,除了 Repo 和 JDK 之外,全部会自动被安装或更新。在安装过程中需要一些确认操作,全部输入"Y"即可。由于需要下载相关的软件包,安装过程需要一些时间。

安装 Repo 工具的过程如下:

① 在当前路径下创建一个目录用于下载 Repo 工具,目录名可自行选择,这里使用/upteam/bin,并将其包含在路径中。

sudo mkdir ~/upteam/bin
sudo PATH = ~/upteam/bin: $ PATH

② 通过 curl 工具将 Repo 脚本下载到上一步创建的目录中。

# 第 11 章　Android 操作系统移植

```
sudo curl https://dl-ssl.google.com/dl/googlesource/git-repo/repo > ~/upteam/bin/repo
```

③ 将 Repo 的属性修改为可执行。

```
sudo chmod a+x ~/upteam/bin/repo
```

如果习惯使用 SUN 公司的 JAVA 开发环境,则可按如下步骤来安装 JDK(以 JDK 6 为例)。

① 在 Ubuntu 中访问 http://www.oracle.com/technetwork/java/javase/downloads 网页,下载安装文件 jdk-6u30-linux-i586.bin。

② 在"终端"中输入以下命令,创建安装 Sun JDK 的目录,并将安装文件复制到该目录下:

```
sudo mkdir /usr/lib/jvm/SunJDK
sudo cp /下载路径/jdk-6u30-linux-i586.bin /usr/lib/jvm/SunJDK
```

③ 进入安装文件所在目录 /usr/lib/jvm/SunJDK,将安装文件的属性修改为可执行,执行安装文件。

```
sudo chmod +x jdk-6u30-linux-i586.bin
sudo ./jdk-6u30-linux-i586.bin
```

④ 安装过程中会在安装文件所在目录中新建一个目录,该目录为 jdk1.6.0_30。

⑤ 由于 ubuntu 本身带了 java-6-openjdk 的 JVM 实现,所以当在"终端"输入

```
java -version
```

会显示:

```
java version "1.6.0_18"
OpenJDK Runtime Environment (IcedTea6 1.8) (6b18-1.8-ubuntu)
OpenJDK Client VM (build 14.0-b-16, mixd mode, sharing)
```

也就是系统中有两个 JVM 实现,而且 OpeanJDK 的 JVM 还被 Ubuntu 中其他的工具或软件使用。

⑥ 使用 ubuntu 提供的 update-alternative 工具来完成程序多版本实现的选择。输入下面的两行命令:

```
sudo update-alternative s --install /usr/bin/java java /usr/lib/SunJDK/jdk1.6.0_30/bin/java 60
sudo update-alternatives --install /usr/bin/java java /usr/bin/java-6-openjdk/jre/java 40
```

上面两条命令行尾的"60"和"40"是优先级,这样就将 Sun JDK6 设为了首选。如需要修改优先级,则可使用命令 sudo update-alternatives-config java。

⑦ 成功安装完 JDK 后,接下来需要进行环境配置,使用命令:

```
sudo gedit /etc/environment
```

对 environment 文件进行修改,添加以下代码:

```
PATH = "/usr/lib/java/jdk1.6.0_30/bin"
CLASSPATH = "/usr/lib/java/jdk1.6.0_30/lib"
JAVA_HOME = "/usr/lib/java/jdk1.6.0_30"
```

如果 environment 文件中已有 PATH,则将路径"/usr/lib/java/jdk1.6.0_30/bin"添加到其最后。

⑧ 重新启动系统,前面安装的 Sun JDK 就成为系统默认的了,执行命令:

```
java -version
```

就可以看到 Sun JDK 的相关信息如下:

```
java version "1.6.0_30"
Java(TM) SE Runtime Environment (build 1.6.0_30-b12)
3.Java HotSpot(TM) Server VM (build 20.5-b03, mixed mode, sharing)
```

## 11.2.2 获取 Android 源代码

获取 Android 完全的源代码方法,包括初始化代码仓库和获取代码两个步骤,每个步骤可以增加不同的参数。

① 建立一个 Android 工作目录,这里使用"myandroid",初始化最新 Android 版本代码仓库。命令如下:

```
mkdir ~/myandroid
cd ~/myandroid
repo init -u https://android.googlesource.com/platform/manifest
```

使用-b 选项可指定初始化的版本,例如获取 Android2.2 版本源代码,则可使用如下命令:

```
repo init -u https://android.googlesource.com/platform/manifest -b android-2.2.1_r1
```

当代码仓库初始化完毕,Repo 会要求输入用户名和 Email 地址。当用户使用 Gerrit 代码审核工具时,需要一个与 Google 注册账号相关联的 Email。

代码仓库初始化成功之后,会看到类似"repo initialized in /home/ninglee/myandroid"的提示。

Repo init 之后将生成隐藏目录.repo,其中.repo/manifest.xml 为 repo 工程的描述文件,表示 repo 过程所包含的各个工程,其片段如下所示:

```
<project path = "dalvik" name = "platform/dalvik" />
<project path = "development" name = "platform/development" />
<project path = "frameworks/base" name = "platform/frameworks/base" />
```

.repo/manifest.xml 中的 path 表示工程获取后的路径(基于当前目录),name 表示工程的名称。

② 获取 Android 全部源代码,使用如下命令:

```
$ repo sync
```

相应版本的 Android 源代码将会被下载到之前设置的工作目录下,这个源代码同步的过程将需要 1 个小时或更长时间,具体时间依赖于网络连接情况。当下载完毕后,会看到类似"Syncing work tree:100%(237/237),done"这样的提示,这说明本地的版本库已经初始化完毕,并且包含了当前最新的 Android 源代码。

也可以同步某一个单个工程的内容,需要使用工程的名称作为 repo sync 的参数,工程的名称可以从 manifest.xml 获得,命令如下:

```
repo sync {project_name}
```

此外,还可以直接使用 git clone 的方式获取一个工程的代码,命令如下:

```
git clone https://android.googlesource.com/ + project path
```

例如,只对核源代码有兴趣,则可使用以下命令来获得核:

```
git clone https://android.googlesource.com/kernel/common.git
```

其实,repo 脚本就是组织 Git 工具去获取各个 Project,并把它们组织到同一个项目内。

## 11.2.3 源代码基本结构

下载所得源代码包含了 Android 系统的目标机代码、主机编译工具、仿真环境,源代码的第一级目录和文件如下所示:

```
|—— Makefile    (全局的 Makefile)
|—— bionic      (一些基础库的源代码)
|—— bootloader  (引导加载器)
|—— build       (编译和配置所需要的脚本和工具)
|—— dalvik      (JAVA 虚拟机)
|—— development (程序开发所需要的模板和工具)
|—— external    (目标机器使用的一些库)
|—— frameworks  (应用程序的框架层)
|—— hardware    (与硬件相关的库)
|—— kernel      (Linux 核的源代码)
|—— packages    (Android 的各种应用程序)
|—— prebuilt    (Android 在各种平台下编译的预置脚本)
|—— recovery    (与目标的恢复功能相关)
```

|——system（Android 的底层的一些库）
|——vendor（厂商定制代码，厂家可以维护自己的分支，比如 htc 的分支）

Android 源代码中的驱动部分并没有实现，而需要各厂商根据自己的硬件特征去实现。厂商会将驱动补充到 Android 代码后对其进行编译，得到可以部署到其移动设备上的 img 文件，包括 system.img、ramdisk.img 及 userdata.img。

## 11.2.4 提交修改后的源代码

开发者对 Android 源代码进行更改之后，可以将其提交到 Android 的 Gerrit 中，等待 Android 的核心开发者进行审核，如果代码适合，则会被合并到 Android 的主代码中。

在提交代码之前，首先需要在 Android 的 Gerrit 上注册用户 ID，并且为用户加入许可（permission）。

提交源代码的过程如下：

① 为工程建立 branch(git 的分支)，命令如下：

repo start Branche_Name

Branche_Name 是分支的名称，这个分支必须存在于用户的工作中，但是在 Gerrit 或最终的源码树中是没有的。可以一次同时开启多个独立的分支。

② 修改代码之后，在相应的工程目录下，执行以下命令将源文件加入到本地仓库中。

git add -A
git commit -s

之后，需要提供对修改代码的详细描述，以便于能尽快将其推入公开 AOSP（Android 开发项目）仓库中。

③ 向 Gerrit 提交代码，命令如下：

repo upload

一旦提交成功，Repo 将会提供一个 r.android.com 网站上新网页的 URL 给提交者。通过该网页，可访问代码审核服务器查看在即所提交的代码、增加评论等。

本节上面介绍的是获取 Android 源代码、提交修改补丁的一般方法，没有加入针对具体硬件的相关配置。

本书以 Devkit8500 开发套件为硬件对象介绍 Android 系统，按照上面方法所获取的 Android 源码并没有加入 Devkit8500 的配置。读者可以通过在开发套件配套光盘中找到与 Devkit8500 开发套件相对应的 Android 操作系统源代码，其路径为：DISK-DevKit8500\linux\demo\Android\source\rowboat-android-froyo-devkit8500.tar.bz2。

## 11.3 编译 Android 系统

本节介绍 Android 系统的编译机制、编译过程、编译结果及如何运行系统,编译过程是在 Ubuntu 操作系统下完成的。

### 11.3.1 描述文件

编译 Android 系统时需要一些文件用于向编译系统描述 Android 系统的源代码文件内容及结构,以下是其中一些重要的描述文件:

■ Main.mk

Main.mk 描述 makefile 的主要流程,内容如下:
- 初始化相关参数设置(buildspec.mk,envsetup.mk,config.mk);
- 检测编译环境和目标环境;
- 决定目标 product;
- 读取 product 的配置信息及目标平台信息;
- 清除输出目录;
- 设定/检查版本号;
- 读取 Board 的配置;
- 读取所有 Module 的配置;
- 根据配置产生必需的规则(build/core/Makefile);
- 产生 image。

■ Android.mk

Android.mk 是 module 和 package 的描述文件,module 是指系统的源代码,package 是指 Java 写成的 Android 应用的源代码。在每个 module/package 的目录下都会有一个 Android.mk,用于描述其中源代码文件直接的关系。

■ Config.mk

Config.mk 是一个概括性的描述文件,定义了各种 module 编译时所需要使用的主机工具以及如何编译各种模块,例如用 BUILT_PREBUILT 定义如何编译和预编译模块。

■ Envsetup.mk

Envsetup.mk 主要是读取由 envsetup.sh 脚本写入环境变量中的一些变量,用于配置编译过程中的输出目录。

■ AndroidProducts.mk

AndroidProducts.mk 是设定 product 配置的描述文件,product 是特定系统版本,通过编译不同 product,可产生不同软件配置、安装了不同应用的 Android 系统。

■ target_<os>-<arch>.mk,host_<os>-<arch>.mk,<os>-<arch>.mk

这些文件对所选择操作系统和 CPU 架构的设定进行描述。

■ BoardConfig.mk

BoardConfig.mk 是为目标芯片做配置,与内核的驱动设定相似,例如是否提供浮点运算功能、是否有 GPU 等。

■ Buildspec.mk

Buildspec.mk 文件位于 source 根目录下,编译者可修改该文件做额外的设定,例如可在此选择要产生的 product、平台、增加额外的 module/package 等。

## 11.3.2 编译过程

① 使用 envsetup.sh 脚本进行编译环境的初始化设置,命令如下:

source build/envsetup.sh

或

build/envsetup.sh

② 选择和配置目标产品,用户可以通过参数来进行配置,例如使用如下命令:

lunch full-eng

进选择之后,后面的编译将会得到一个带有模拟器的、可用于调试的 Android 系统。如果 lunch 函数后面不带任何参数,则函数执行过程中会提供了一个菜单,让开发人员选择需要编译的目标产品和变体。lunch 命令后的参数选项 BUILD-BUILDTYPE 分别如表 11-1 和表 11-2 所列。

表 11-1 BUILD 参数含义

| BUILD | 描 述 |
| --- | --- |
| full | 完整系统,带模拟器,配置所有语言类型、应用和输入方法 |
| full_maguro | 适合运行于 Galaxy Nexus GSM/HSPA+("maguro")手机上的完整系统 |
| full_panda | 适合运行于 PandaBoard("panda")板上的完整系统 |

表 11-2 BUILDTYPE 参数含义

| BUILDTYPE | 描 述 |
| --- | --- |
| user | 用户级限制访问,适用于产品出厂 |
| userdebug | 类似"user"级,但是允许 root 访问和调试,适用于调试 |
| eng | 适用于开发,带有额外的调试工具 |

当前最新的 Android 版本支持 Galaxy Nexus、Motorola Xoom 和 Nexus S 等一些具体硬件。如果用户要针对自己所使用的具体硬件进行系统编译,相关的操作过程可

# 第 11 章　Android 操作系统移植

参考"http://source.android.com/source/building－devices.html",本节不做详细介绍。

③ 使用 make 命令编译源代码,例如:

make －j4

make 命令后参数"jN"中的"N"表示 GNU 可以并行编译的任务数,通常"N"设置为 PC 机处理器硬件线程数的 1～2 倍,例如一个双 E5520 的机器(2 个 CPU,每个 CPU 有 4 核,每个核有 2 个线程)可设置为"j16"到"j32"之间。

编译过程用时会比较长,具体时间与主机处理器的能力相关。

## 11.3.3　编译结果

Android 编译的结果会放在其根目录下 out 目录中,原始的各个工程不会改动。out 目录中包含以下的内容:

- 主机工具;
- 目标机程序;
- 目标机映像文件;
- 目标机 Linux 内核(需要单独编译)。

out 目录的结构如下所示:

```
out/
|――host                     [主机内容]
| |――common                  [主机的通用内容]
| | |――obj
| |――linux－x86              [编译所生成的主机 Linux 上运行的工具]
|       |――bin
|       |――framework
|       |――lib
|       |――obj
|――target                    [目标机内容]
    |――common                [目标机的通用内容]
    | |――R
    | |――docs
    | |――obj
    |――product               [目标机的产品目录]
        |――generic
```

目录 out/target/product/generic 中存放目标产品,默认情况下作为目标产品的名称,其目录结构如下所列:

·195·

```
out/target/product/generic
|——android-info.txt
|——clean_steps.mk
|——data                          [数据目录]
|——obj                           [中间目标文件记录]
|  |——APPS                       [Java应用程序包]
|  |——ETC                        [运行时配置文件]
|  |——EXECUTABLES                [可执行程序]
|  |——KEYCHARS
|  |——NOTICE.html
|  |——NOTICE.html.gz
|  |——NOTICE_FILES
|  |——PACKAGING
|  |——SHARED_LIBRARIES            [动态库(共享库)]
|  |——STATIC_LIBRARIES            [静态库(归档文件)]
|  |——include
|  |——lib
|——previous_build_config.mk
|——ramdisk.img                    [根文件系统映像]
|——root                           [根文件系统目录]
|——symbols                        [符号的目录]
|——system                         [主文件系统目录]
|——system.img                     [主文件系统映像]
|——userdata-qemu.img              [QEMU的数据映像]
|——userdata.img                   [数据映像]
```

其中,root、system、data 这 3 个目录分别是目标根文件系统、主文件系统和数据文件系统的目录,后缀名为.img 的文件分别为它们所对应的映像文件。

## 11.3.4 系统烧写与运行

可使用 fastboot 命令将编译好 Android 系统映像文件烧写到具体硬件设备上,用户分别烧写 BOOT(boot.img)、系统数据(system.img)和用户数据(userdata.img)之后重新启动设备,Android 系统即开始运行了。另外,一般硬件提供商也提供了其硬件设备的烧写方式,11.4 节将介绍如何把编译好的 Android 映像烧写到 Devkit8500 开发板上。

用户也可以在主机上运行 Android 的模拟器,只须输入如下命令即可:

emulator

# 第 11 章　Android 操作系统移植

## 11.4　基于 Devkit8500 的 Android 系统开发

本节介绍如何开发 Devkit8500 开发板的 Android 系统。

### 11.4.1　获取 Android 源码

在 Devkit8500 配套的光盘中已有了基于 Devkit8500 的 Android 源码，因此用户可以不必按 11.2 节所介绍的操作去下载 Android 源代码了。Android 源代码在光盘中的路径为：

DISK‐DevKit8500\linux\demo\Android\source\rowboat‐android‐froyo‐devkit8500.tar.bz2，版本为 Android 2.2。

### 11.4.2　编译过程

按以下步骤编译 Devkit8500 开发板的 Android 源码包，并生成跟文件系统映像。
① 使用 tar 指令解压 rowboat‐android‐froyo‐devkit8500.tar.bz2：

```
cd $home/work                    // 若无"work"路径，请自行创建
tar xvf /media/cdrom/linux/demo/Android/source/rowboat‐android‐froyo‐devkit8500.tar.bz2
```

② 进入 Android 源码的根目录，开始编译：

```
cd rowboat‐android‐froyo‐devkit8500
make
```

### 11.4.3　制作文件系统

文件系统简单地说是一种目录结构，在 linux 操作系统中，设备以文件的形式存在，文件系统对这些文件进行分类管理，并提供和内核交互的接口。根文件系统是 linux 内核启动时挂载的第一个文件系统，包括 linux 启动时所必须的目录和关键性的文件。linux 在启动时需要有 init 目录下的相关文件，在挂载分区时需要找到挂载文件/etc/fstab，另外许多的应用程序 bin 的目录也在根文件系统中，所有这些 linux 系统启动所必需的文件构成了根文件系统。在 linux 操作系统中，常见的 Flash 文件系统有 cramfs、jffs2、yaffs2 等。linux‐2.6.27 之后，内核加入了一种新型的文件系统 UBI (Unsorted Block Images)。

本小节将以 Devkit8500 开发板为对象，介绍如何修改 UBI 制作脚本，编译 android 源码产生一个 UBI 根文件系统。

## 1. UBI 制作脚本 build_ubi.sh

前面介绍的 Devkit8500 的 Android 源码根目录中已经包含了为制作文件系统而生成的脚本文件 build_ubi.sh,用户只要修改其中部分参数,启动脚本后即可生成所需的根文件系统映像 ubi.img 文件。

build_ubi.sh 脚本的内容及运行流程如下:

① 定制路径 out/target/product/dm3730_evk/rootfs,此路径为文件系统的生成路径。

```
ROOT_DIR = out/target/product/dm3730_evk/rootfs
    [ -d ${ROOT_DIR} ] && rm -Rf ${ROOT_DIR}
    [ -d ${ROOT_DIR} ] || mkdir -p ${ROOT_DIR}
    [ -d ${ROOT_DIR} ] || {
        echo "###~### root dir ${ROOT_DIR} not exist"
        exit 1
    }
```

② 源码编译后会在 out/target/product/dm3730_evk/目录下生成 root、system,下面的操作将 root、system 复制到目标目录 rootfs 下。

```
pushd ${ROOT_DIR} 2>&1 >/dev/null
cp -Rf ../root/* ./
[ -d system ] || mkdir system
cp -Rf ../system/* system/
```

③ 编译 AM37x/DM37x 处理器所需的图形加速 SGX 模块,编译后会自动将文件传输到目标目录 rootfs/system 中。

```
popd 2>&1 >/dev/null

cd OMAP35x_Android_Graphics_SDK_3_01_00_03
make OMAPES = 5.x install
cd ..
```

④ 使用 mkfs.ubifs、ubinize 和 ubunize.cfg 文件生成根文件系统映像 ubi.img 文件。

```
MKFSUBI = /home/embest/tools/mkfs.ubifs
MKFSUBI_ARG = "-r ${ROOT_DIR} -m 2048 -e 129024 -c 4063 -o temp/ubifs.img"
UBINIZE = /home/embest/tools/ubinize
UBINIZECFG = /home/embest/tools/ubinize.cfg
UBINIZE_ARG = "-o ubi.img -m 2048 -p 128KiB -s 512 ${UBINIZECFG}"

#set -x
```

# 第 11 章　Android 操作系统移植

```
[ -d temp ] || mkdir temp
[ "$(whoami)" = "android" ] &&                              \
echo -e "android\n" | sudo -p... -S ${MKFSUBI} ${MKFSUBI_ARG}    ||    \
sudo ${MKFSUBI} ${MKFSUBI_ARG}
pushd temp 2>&1 >/dev/null
[ "$(whoami)" = "android" ] &&                              \
echo -e "android\n" | sudo -p... -S ${UBINIZE} ${UBINIZE_ARG}    ||    \
sudo ${UBINIZE} ${UBINIZE_ARG}
popd 2>&1 >/dev/null

echo "###~### file temp/ubi.img generated ###"
ls -l temp/ubi.img
```

### 2. 制作步骤

① 使用编辑器 Gedit 或 Vi，修改 rowboat-android-froyo-devkit8500 根目录下的 build_ubi.sh 脚本文件：

```
gedit build_ubi.sh
```

将以下内容中的"/home/embest"修改为"$HOME"。

```
MKFSUBI = /home/embest/tools/mkfs.ubifs
MKFSUBI_ARG = "-r ${ROOT_DIR} -m 2048 -e 129024 -c 4063 -o temp/ubifs.img"
UBINIZE = /home/embest/tools/ubinize
UBINIZECFG = /home/embest/tools/ubinize.cfg
UBINIZE_ARG = "-o ubi.img -m 2048 -p 128KiB -s 512 ${UBINIZECFG}"
```

修改后为：

```
MKFSUBI = $HOME/tools/mkfs.ubifs
MKFSUBI_ARG = "-r ${ROOT_DIR} -m 2048 -e 129024 -c 4063 -o temp/ubifs.img"
UBINIZE = $HOME/tools/ubinize
UBINIZECFG = $HOME/tools/ubinize.cfg
UBINIZE_ARG = "-o ubi.img -m 2048 -p 128KiB -s 512 ${UBINIZECFG}"
```

② 执行脚本 build_ubi.sh，开始制作 ubi 文件系统。

```
./build_ubi.sh
```

制作完成之后，在 out/target/product/devkit8500/rootfs 目录下即可找到 ubi.img。

## 11.4.4　烧写 Android 系统

完成所有相关映像文件的准备之后，即可将编译好的 Android 系统烧写到 Devkit8500 开发板中。

由于AM37x/DM37x处理器在启动过程中,其内部ROM中的启动代码在Wake-Up Booting过程中会自动查找MMC所连接外部存储器中的更新信息,如有更新信息则会进行更新;因此只需将编译所得映像文件复制到TF卡中,插入到Devkit8500开发板的TF插槽J3中,开发板上电启动即可完成系统烧写过程。

用户也可将Devkit8500开发套件配套光盘中DISK - DevKit8500\linux\demo\Android\目录下的所有文件直接复制到TF中,然后再根据所使用LCD的大小选择uImage_4.3文件和uImage_7文件其中的一个,将其重命名为uImage。

烧写过程如下:

① 使用RS232串口互联线将Devkit8500的J15与PC机串口连接,打开PC机端的超级终端或某个串口终端程序,相应串口配置为:波特率115 200、数据位8、无奇偶校验、停止位1。

② 将TF卡格式化为FAT32格式,按前述方法将所有映像文件复制到TF卡中。

③ 将TF插入Devkit8500开发板的TF插槽J3,重新上电,Android系统将会被烧写到Devkit8500的NandFlash中,烧写过程中PC的超级终端会显示如下:

```
Texas Instruments X-Loader 1.47 (Feb 17 2011 - 17:33:15)
Devkit8500 xM Rev A
Starting X-loader on MMC
Reading boot sector

1153616 Bytes Read from MMC
Starting OS Bootloader from MMC...
Starting OS Bootloader...

U-Boot 2010.06-rc1-svn ( 3 链 25 2011 - 10:44:09)

OMAP34xx/35xx-GP ES2.1, CPU-OPP2 L3-165MHz
OMAP3 Devkit8500 board + LPDDR/NAND
I2C:    ready
DRAM:  512 MiB
NAND:  512 MiB
*** Warning - bad CRC or NAND, using default environment

In:    serial
Out:   serial
Err:   serial
Devkit8500 xM Rev A
Die ID #559800029e380000015f26ad05034013
```

```
NAND erase: device 0 whole chip
Erasing at 0x1ffe0000 - - 100% complete.
OK
mmc1 is available
reading x-load.bin.ift_for_NAND

11000 bytes read
HW ECC selected

NAND write: device 0 offset 0x0, size 0x2af8
 12288 bytes written: OK
reading flash-uboot.bin

1152272 bytes read
SW ECC selected

NAND write: device 0 offset 0x80000, size 0x119510
 1153024 bytes written: OK
reading uImage

2573924 bytes read
SW ECC selected

NAND write: device 0 offset 0x280000, size 0x274664
 2574336 bytes written: OK
reading ubi.img

79036416 bytes read
SW ECC selected

NAND write: device 0 offset 0x680000, size 0x4b60000
 79036416 bytes written: OK
```

Devkit8500 开发板上 LED2 闪烁（SYS），表示烧写已完成。

④ Devkit8500 开发板重新上电，Android 操作系统将会开始运行。

# 第 12 章

# Android 应用程序开发

在完成 Android 操作系统的移植工作之后,用户即可进行 Android 的应用程序开发了。对于一般的应用程序,用户开发工作仅处在图 10-1 的第 4 层。如果用户开发的应用程序与具体硬件设备的某些特殊外设相关,则还需要进行相关外设的 Linux 驱动开发、Android 中间件(INI,Java 本地接口)开发。

由于已有大量参考书籍和资料介绍 Linux 驱动开发、Android 应用程序开发,本书对这些内容不做叙述。本章仅介绍 Android 应用程序开发环境的搭建过程,并用最简例程"Hello World"对 Android 应用程序的开发过程做简述。

## 12.1 Android 应用程序开发环境

要进行 Android 应用程序开发,需要安装以下软件:
- JDK,Java 开发工具。
- Eclipse,Java 集成开发环境。
- Android SDK,Android 软件开工具发包。

以上工具均为免费工具,也就是说 Android 应用程序开发环境是零成本的。

### 12.1.1 JDK 获取与安装

JDK(Java Development Kit)是 Sun 公司针对 Java 开发人员发布的免费软件开发工具包,目前 JDK 已经成为使用最广泛的 Java SDK。JDK 中包含了各种用于 Java 开发的组件,其中包括:
- javac,编译器,用于将后缀名为.java 的源代码编译成后缀名为.class 的字节码。
- java,运行工具,用于运行.class 的字节码。
- jar,打包工具,用于将相关的类文件打包成一个文件。

- javadoc,文档生成器,用于从源码注释中提取文档,注释需符合规范。
- jdb debugger,调试工具。
- jps,用于显示当前 java 程序运行的进程状态。
- javap,反编译程序。
- appletviewer,运行和调试 applet 程序的工具,不需要使用浏览器。
- javah,从 Java 类生成 C 头文件和 C 源文件。这些文件提供了 Java 和 C 代码之间的连接胶合。
- javaws,运行 JNLP 程序。
- extcheck,一个检测 jar 包冲突的工具。
- apt,注释处理工具。
- jhat,java 堆分析工具。
- jstack,栈跟踪程序。
- jstat,JVM 检测统计工具。
- jstatd,jstat 守护进程。
- jinfo,获取正在运行或崩溃的 java 程序配置信息。
- jmap,获取 java 进程内存映射信息。
- idlj,IDL-to-Java 编译器,将 IDL 语言转化为 java 文件。
- policytool,一个 GUI 的策略文件创建和管理工具。
- jrunscript,命令行脚本运行。

另外,JDK 中还包括完整的 Java 运行环境 JRE(Java Runtime Environment),也被称为 private runtime,包括了用于产品环境的各种库类,如基础类库 rt.jar,以及给开发人员使用的补充库,如国际化与本地化的类库、IDL 库等。同时,JDK 中还包括各种例程,用以展示 Java API 中的各部分。

由于 Android 的应用层是采用 Java 进行开发的,因此 JDK 是开发 Android 应用程序所必需的工具。

用户可以访问 http://www.oracle.com/technetwork/java/javase/downloads 下载最新版本的 JDK(2009 年 Oracle 公司收购了 SUN 公司,因此下载最新 JDK 需要访问 Oracle 公司网站)。

JDK 具有多种版本,分别适用于 Linux、Solaris 和 Windows 等主机环境。开发者可根据自己所使用主机的环境下载相应的 JDK,例如在 Windows 操作系统下开发 Android 应用程序,则可下载其 Windows x86 版本(jdk-6u30-windows-i586.exe)或 x64 版本(jdk-6u30-windows-x64.exe)。

JDK 6、JDK 7 的安装都比较简单,只须按提示安装即可,无须环境配置,这里不做详述。

## 12.1.2　Eclipse 的获取与安装

Eclipse 是一种基于 Java 的可扩展开源集成开发平台。就其自身而言，它只是一个框架和一组服务，用于通过插件组件构建开发环境。插件机制以及众多插件的支持，使得 Eclipse 拥有了良好的灵活性和丰富的功能。目前，许多软件开发商以 Eclipse 为框架开发自己的 IDE，除了 Java 之外，它还可以作为 C++、Python、PHP 等其他语言的开发工具。

Eclipse 所附带的标准插件集中就包括 Java 开发工具（Java Development Tools，JDT），使得 Eclipse 成为了当前用户最乐于使用的 Java 集成开发环境。Google 也为 Android 应用开发提供了插件 ADT，因此 Eclipse 也成为了 Android 应用程序开发的必备工具。

用户可以访问 http://www.eclipse.org/downloads/网站下载"Eclipse IDE for Java EE Developers"软件包。Eclipse 的安装过程非常简单，只须解压软件压缩包，执行 Eclipse 程序指定工作区（Workspace）所在路径即可，这里不做详述。

## 12.1.3　Android SDK 的获取与安装

Android SDK 是 Android 软件开发工具包，包含各种各样的定制工具，主要工具简介如下：

- Android 模拟器（Android Emulator），可在主机上运行的一个虚拟移动设备。使用模拟器可以调试和测试应用程序。
- Android 调试桥（adb，Android Debug Bridge），用于在模拟器或设备上安装应用程序的 .apk 文件，并可通过命令行访问模拟器或设备。
- 层级观察器（Hierarchy Viewer），用于调试和优化用户界面，用可视的方法把用户的视图（view）布局层次展现出来，此外还给当前界面提供了一个具有像素栅格的放大镜观察器，可用于正确地布局。
- Draw 9-patch，使用所见即所得（WYSIWYG）的编辑器轻松地创建 NinePatch 图形，也可以预览经过拉伸的图像、高亮显示内容区域。
- Eclipse IDE Android 开发工具插件 ADT，大大扩展了 Eclipse 集成环境功能，开发者可以使用 Eclipse IDE 快速开发和调试 Android 应用程序。ADT 可以让开发者通过 Eclipse IDE 访问其他 Android 开发工具。例如，ADT 可以让开发者直接从 Eclipse IDE 访问 DDMS 工具的很多功能：屏幕截图、管理端口转发、设置断点、观察线程和进程信息。ADT 还为 Android 应用开发提供了一个项目向导（New Project Wizard），帮助开发者快速生成和建立起新 Android 应用程序所需的最基本文件，使得构建 Android 应用程序的过程变得自动而且简易。另外，它还提供了一个 Android 代码编辑器，可以用于为 Android manifest

和资源文件编写有效的 XML。
- Dalvik 调试监视器服务(ddms,Dalvik Debug Monitor Service),集成了 Dalvik(为 Android 平台定制的虚拟机),能够让开发者在模拟器或设备上管理进程并协助调试。它的功能很多,例如杀死进程、选择某个特定进程进行调试、产生跟踪数据、观察堆(heap)和线程信息、截取模拟器或设备的屏幕画面等。
- Android 应用程序打包工具(aapt,Android Asset Packaging Tool),用于创建包含 Android 应用程序二进制文件和资源文件的.apk 文件。
- Android 接口描述语言(aidl,Android Interface Description Language),用于生成进程间接口的代码,诸如 service 可能使用的接口。
- sqlite3,用于访问 SQLite 数据文件,这些数据文件由 Android 应用程序创建并使用的。
- Traceview,用于将 Android 应用程序产生的跟踪日志(trace log)转换为图形化的分析视图。
- mksdcard,用于创建磁盘映像,可以在模拟器环境下使用磁盘映像来模拟外部存储卡,例如 SD 卡。
- dx,将.class 字节码(bytecode)转换为 Android 字节码,保存在.dex 文件中。
- UI/Application Exerciser Monkey,是一个在模拟器上或设备上运行的小程序,能够产生伪随机的用户事件流,例如点击(click)、触摸(touch)、挥手(gestures),还有一系列的系统级事件。可以使用 Monkey 来为正在开发的应用程序做随机的、可重复的压力测试。
- activitycreator,一个可以产生 Ant build 文件的脚本,可以使用它来编译 Android 应用程序。如果使用 Eclipse IDE 做开发,并安装了 ADT 插件,则无须使用这个脚本。

Android SDK 可在 Windows,Mac OS 和 Linux 三种操作系统上运行,开发者可访问 http://developer.android.com/sdk/网页下载自己主机所对应的 Android SDK。对于使用 Windows 操作系统的用户,既可以下载软件工具压缩包,也可以下载软件工具安装包。由于安装包可以自动进行初始化设置,建议使用安装包。

Windows 操作系统上安装 Android SDK 的过程如下:
① 准备开发 Android 应用程序的主机环境,安装 JDK 和 Eclipse。
② 下载 Android SDK 安装包,当前版本为 installer_r16-windows.exe。
ⓐ 执行安装包程序,如图 12-1 所示。
ⓑ 安装包会检查主机是否已安装 JDK 工具,如图 12-2 所示。
ⓒ 设置安装路径,如图 12-3 所示。
ⓓ 设置 Android SDK 在 Windows 操作系统菜单中的名称,如图 12-4 所示。
ⓔ 完成 Android SDK 安装。这时 Windows 操作系统的"Start"菜单中会增加一个"Android SDK Tools"菜单项,其中有 ADT Manager 和 SDK Manager 两个管理工具,如图 12-5 所示。

图 12-1　安装 Android SDK 步骤之一

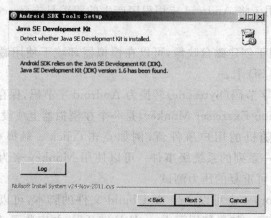

图 12-2　安装 Android SDK 步骤之二

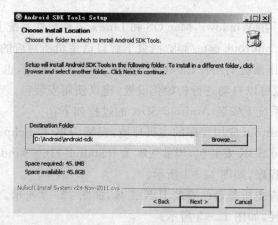

图 12-3　安装 Android SDK 步骤之三

③ 为 Eclipse 开发环境安装 ADT 插件。

ⓐ 启动 Eclipse,在选择菜单项"Help – Install New Software",如图 12-6 所示。

# 第 12 章　Android 应用程序开发

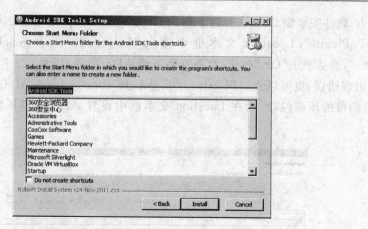

图 12-4　安装 Android SDK 步骤之四

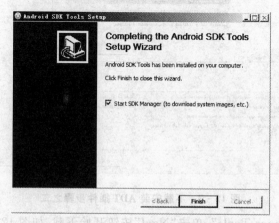

图 12-5　安装 Android SDK 步骤之五

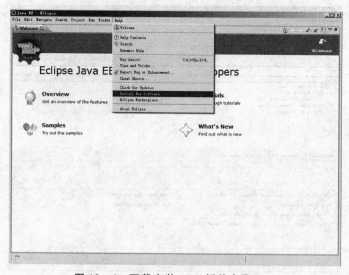

图 12-6　下载安装 ADT 插件步骤之一

# ARM Cortex - A8 处理器原理与应用

ⓑ 软件安装窗口中单击右上角的"Add"按钮,在弹出框的 Name 文本框中输入"ADT Plugin",Location 文本框中输入"http://dl-ssl.google.com/android/eclipse/",然后单击"OK"按钮,准备开始下载 ADT 插件,如图 12-7 所示。如果在下载过程出现错误,也可以先访问 http://dl.google.com/android/ADT-16.0.1.zip 获得 ADT 插件的压缩包,然后在 Location 文本框中设置 ADT 插件压缩包在本机的路径即可。

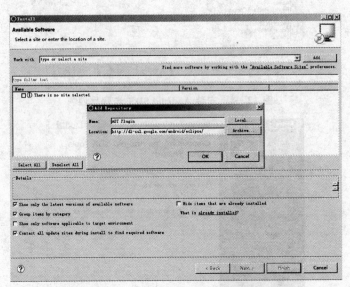

图 12-7 下载安装 ADT 插件步骤之二

ⓒ 选中"Developer Tools",单击"Next"按钮开始下载,如图 12-8 所示。

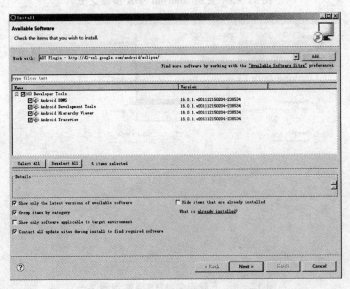

图 12-8 下载安装 ADT 插件步骤之三

ⓓ 选择"I do not accept the terms of the license agrements",单击"Finish"按钮开始安装 ADT 插件,如图 12-9 所示。

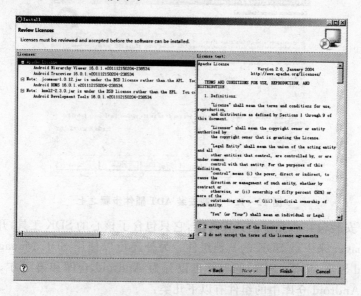

图 12-9　下载安装 ADT 插件步骤之四

ⓔ 安装成功之后,单击"Finish"按钮重新启动 Eclipse,如图 12-10 所示。

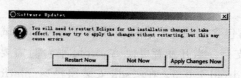

图 12-10　下载安装 ADT 插件步骤之五

ⓕ 重新启动之后,Eclipse 会提示用户指定 SDK 所在位置,如图 12-11 所示。

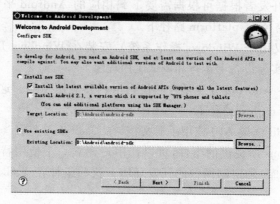

图 12-11　下载安装 ADT 插件步骤之六

ⓖ 选择是否向 Google 发送用户使用统计信息之后,单击"Finish"按钮,如

图12-12所示。

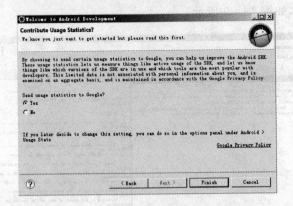

图 12-12　下载安装 ADT 插件步骤之七

④ SDK 安装包并非完整的开发环境,它只包含了核心的 SDK 工具,开发者需要使用 SDK Manager 来下载 SDK 的其他组件。另外还可以使用 SDK Manager 来更新最新的 Android SDK 版本。SDK 的组件可以分为 Android 仓库和第三方 Add-ons 两部分。其中 Android 仓库中的组件有以下几类:

- SDK 工具,包含用于应用程序开发的调试、测试工具以及一些其他工具。这些工具已全部包含 SDK 安装包中,在＜sdk 安装路径＞/tools/路径下可以找到这些工具。
- SDK 平台工具,包含依赖于平台的应用程序开发和调试工具,这些工具提供相应平台的功能支持。当开发者更换 Android 平台时需要更新这些工具,当前最新的平台是 Android 4.0.3。在＜sdk 安装路径＞/platform-tools/路径下可以找到这些工具。
- Android 平台,提供各版本 Android 平台的全兼容库、系统图像、示例代码和模拟器皮肤。开发者根据可根据需要下载相应的 Android 平台。这些被安装在＜sdk 安装路径＞/platform 路径下。
- USB 驱动(仅用于 Windows 操作系统),安装在 Windows 开发主机上,使得开发者可以在实际设备上运行和调试应用程序。
- 示例,包含各 Android 开发平台的代码示例和应用示例。这些示例在＜sdk 安装路径＞/Samples/路径下。
- 文档,Android 框架 API 使用手册文档,在＜sdk 安装路径＞/doc/路径下。

第三方 Add-ons 所提供的组件,可以让用户建立一个使用特殊 Android 外部库(例如 Google Map 库)和定制图像的开发环境。这些组件在＜sdk 安装路径＞/add-ons/路径下。

开发者可以通过 SDK Manager 来下载或更新 SDK 工具组件仓库,步骤如下:

ⓐ 在 Eclipse IDE 中单击"Windows-Android SDK Manager",打开 SDK Manager 选择开发所需工具组件,如图 12-13 所示。

# 第 12 章　Android 应用程序开发

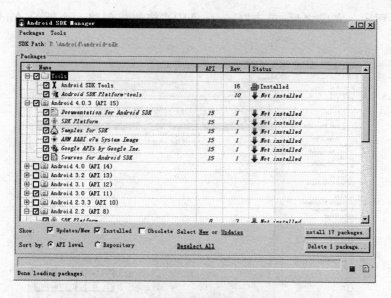

图 12－13　更新 SDK 组件步骤之一

ⓑ 单击"Install"按钮,安装 SDK 组件,如图 12－14 所示。

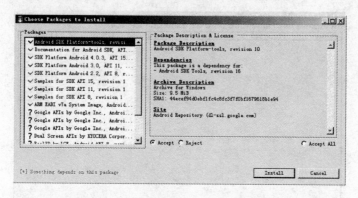

图 12－14　更新 SDK 组件步骤之二

ⓒ 在 Eclipse IDE 中选择 Windows－Preferences 菜单打开 Preferences 窗口,在 SDK Location 文本框中指定 SDK 工具包的路径;选择打算使用 Android 平台版本之后,单击"Apply"按钮完成 Android 平台的选择,如图 12－15 所示。

⑤ 安装 ADT 插件、更新并选择 SDK 组件之后,还需要对 ADT 插件进行适当的配置。

ⓐ 在 Eclipse IDE 中选择"Windows－ATD Manager"菜单,打开"Android Virtual Device Manager"窗口,如图 12－16 所示,添加 Android 虚拟设备。

ⓑ 在"Android Virtual Device Manager"窗口单击"New"按钮添加一个新的 Android 虚拟设备。在 AVD 对话框中,用户可以对新增的 Android 虚拟设备进行命名、选择相应的 Android 平台、设置 SDCard 的容量、选择系统皮肤、配置硬件,如

·211·

图 12-17 所示。完成之后，单击"Create AVD"按钮将创建一个新的 Android 虚拟设备。

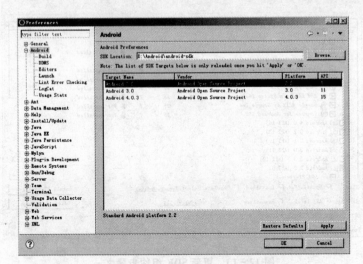

图 12-15 更新 SDK 组件步骤之三

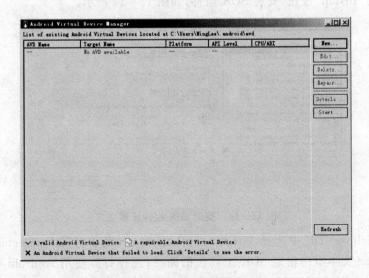

图 12-16 配置 ADT 插件步骤之一

ⓒ 在"Android Virtual Device Manager"窗口中，选择某个 Android 虚拟设备，单击"Start"按钮打开"Launch Options"对话框，如图 12-18 所示。

ⓓ 在"Launch Options"对话框中选择合适的参数，单击"Launch"按钮，Android 虚拟设备将开始运行，如图 12-19 所示。

按照本节所述的操作步骤搭建好 Android 应用程序开发环境之后，就可以开始进行 Android 应用程序开发了。

# 第 12 章　Android 应用程序开发

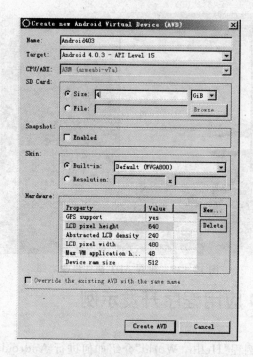

图 12-17　配置 ADT 插件步骤之二

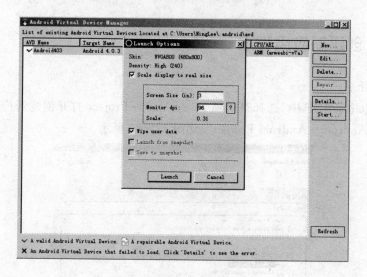

图 12-18　配置 ADT 插件步骤之三

图 12-19 配置 ADT 插件步骤之四

## 12.2 Android 应用程序开发示例

本节将通过简单例程"Hello,World"介绍如何进行 Android 应用程序开发的一般过程。

### 12.2.1 创建新应用程序

步骤如下：

① 在 Eclipse IDE 中,选择菜单项 File→New→Project 打开创建新应用程序的对话框,选择"Android - Android Project",如图 12-20 所示。

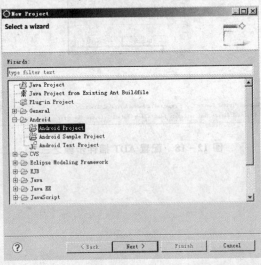

图 12-20 创建 Android 应用程序步骤之一

② 在"New Android Project"对话框中,输入工程名称"Hello World",选择工作空间的位置,如图 12-21 所示。

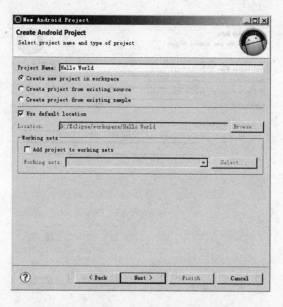

图 12-21　创建 Android 应用程序步骤之二

③ 选择相应的 Android SDK 版本,如图 12-22 所示,如果选择了"Android 2.2",则生成的应用程序将兼容 Android 2.2 平台的库。Android 平台是向前兼容的,例如 Android 2.3 的应用程序可以在 Android 3.0 的平台上运行,但是反之则不能保证。

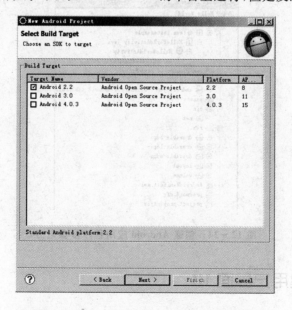

图 12-22　创建 Android 应用程序步骤之三

④ 输入 Package 的名称,Package 是该应用程序所有源码的集合,Package 的命名遵从 Java 语言的规范。完成 Package 命名之后,单击"Finish"按钮,如图 12-23 所示。

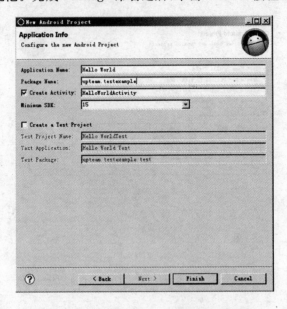

图 12-23 创建 Android 应用程序步骤之四

⑤ Eclipse 开始进行新 Android 应用程序的初始化创建过程。完成之后,在 Eclipse IDE 中将会看到一个"Hello World"的工程,如图 12-24 所示。

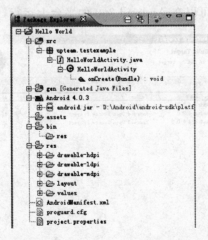

图 12-24 创建 Android 应用程序步骤之五

## 12.2.2 构建用户界面 UI

活动程序(Activity)是 Android 应用程序的基本工作单元,一个应用程序可以有多个独立的 Activity,但任何时候用户只能与它们中的一个进行交互操作。

## 第12章 Android 应用程序开发

上一小节中通过 Eclipse 的向导创建的新应用程序"Hello World"的 Java 源代码文件 HelloWorldActivity.java 如下：

```
package upteam.testexample;

import android.app.Activity;
import android.os.Bundle;

public class HelloWorldActivity extends Activity {
    /** Called when the activity is first created. */
    @Override
    public void onCreate(Bundle savedInstanceState) {
        super.onCreate(savedInstanceState);
        setContentView(R.layout.main);
    }
}
```

HelloWorldActivity 类是基于 Activity 类的，当应用程序的某个 Activity 启动时，Android 系统将调用其的方法执行初始化和用户界面(UI)的设置。并非每个 Activity 都需要一个用户界面的，但是通常都是有的。

将 HelloWorldActivity.java 修改为：

```
package com.example.helloandroid;

import android.app.Activity;
    import android.os.Bundle;
    import android.widget.TextView;

    public class HelloWorldActivity extends Activity {
    /** Called when the activity is first created. */
    @Override
    public void onCreate(Bundle savedInstanceState) {
        super.onCreate(savedInstanceState);
        TextView tv = new TextView(this);
        tv.setText("Hello, My Android");
        setContentView(tv);
    }
}
```

一个 Android 用户界面由多个视图(View)组成，每个 View 都是一个可以绘图的对象，它们是 UI 布局的基本元素，例如按钮、图像或文本标签，所有这些对象都是 View 类的子类。上面代码中的子类 TextView 就是用于处理文本的子类，程序构建了一个 TextView 的实例 tv；然后通过 setText()定义了文本内容"Hello, My Android"；最后将 TextView 的实例 tv 传递给 setContentView()，将其内容显示在活动 UI 上。

## 12.2.3 运行 Android 应用程序

Android 应用程序可以先在 Android 模拟器上调试和运行,具体操作如下:
① 在 Eclipse IDE 中,选择菜单项"Run→Run"。
② 在"Run As"对话框中选择"Android Application"(也可以直接选择菜单项"Run→Run As→Android Application"),单击"OK"按钮,如图 12-25 所示。

③ Eclipse 的 ADT 插件将会自动为工程创建运行配置,并启动 Android 模拟器;在 Android 模拟器启动之后,ADT 插件将会在模拟器中安装并启动该程序,模拟器中将可以看到应用程序的运行情况,如图 12-26 所示。

在模拟器中调试好的程序,则可以在实际硬件设备上安装、调试和运行。

① 在之前设定的工程工作区(图 12-21 所示)的"<工程 Workspace 路径>\bin"目录下可找到 Android 安装程序"Hello World.apk",将该安装程序复制到 TF 卡中。

② 将装有"Hello World.apk"程序的 TF 卡插入到 Devkit8500 开发板(或其他实际硬件设备)的 TF 插槽 J3 中。

图 12-25 作为 Android 应用程序运行

③ 启动之前移植好 Android 系统的 Devkit8500 开发板,安装"Hello World.apk"并运行,则会看到与图 12-26 类似的结果。

图 12-26 在模拟器中运行 Android 应用程序

# 参考文献

[1] ARM Limited. Cortex-A8 Technical Reference Manual(r3p2)，2010.
[2] ARM Limited. Cortex-A Series Programmer's Guide(Version：1.0)，2011.
[3] Texas Instruments Incorporated. AM/DM37x Multimedia Device Silicon Revision 1.x(Version 1) Technical Reference Manual，2011.
[4] Texas Instruments Incorporated. AM3715，AM3703 Sitara ARM Microprocessors (Rev. F)，2011.
[5] Texas Instruments Incorporated. DM3730，DM3725 Digital Media Processors (Rev. D)，2011.
[6] 深圳市英蓓特科技有限公司. Devkit 8500 评估套件用户手册，2011.

Devkit8500A 评估套件

Devkit8500A 基于德州仪器（TI）AM3715处理器推出的评估套件，为开发者使用 TI M37x 系列处理器提供了完善的软件开发环境，支持 WinCE 6.0，Linux2.6.32 及 Android 2.2 三种操作系统。其完善的底层驱动程序，方便用户快速评估和体验 AM37x 处理器强大的数据运算处理能力、设计系统驱动及其定制应用软件，也可降低产品开发周期，实现面向消费电子、医疗仪器、多媒体处理、视频监控、工业控制等领域的产品快速上市。

Mini8510 核心板

Mini8510 是基于德州仪器（TI）DM3730 处理器(Pin to Pin 兼容 DM3725，AM3715，AM3703)推出的核心板。集成 1GHz ARM Cortex-A8 内核及 800-MHz 的高级数字信号处理算法 DSP 核。提供丰富的外设接口；支持 Android，WinCE，Linux 操作系统,具有高性能低功耗的特点。

| DM3730 | AM1808 | AM1808 | AM3359 |
|---|---|---|---|
|  |  |  |  |
| SBC8530 单板机 | SBC8118 单板机 | SBC8018 单板机 | Devkit8600 评估套件 |
| OMAP3530 | OMAP3530 | LM3S9B96 | LM3S811 |
|  |  | <br/> | <br/> |
| SBC8100 单板机 | DevKit8000 评估套件 | EM-LM3S9B9 开发板 | EK-LM3S811 评估板 |

深圳市英蓓特科技有限公司-深圳总部
网址：http://www.embedinfo.com
电话：0755-25635626　25631357　25504951
传真：0755-25616057
E-mail：sales.cn@embedinfo.com
地址：深圳市罗湖区太宁路 85 号罗湖科技大厦 509

北京办事处
电话：010-56290631-802 或 803
E-mail：sales_beijing@embedinfo.com

上海办事处
电话：021-66581106
E-mail：sales_shanghai@embedinfo.com